KB090411

조리능력 향상의 길잡이

한식조리

면

한혜영·박선옥·성기협·신은채 공저

ⓑ (주)백산출판사

머리말

과학기술의 발달은 사회 변동을 촉진하고 그 결과 사회는 점점 빠르게 변화되고 있다.

사회가 발달하고 경제상황이 좋아짐에 따라 식생활문화는 풍요로워졌고, 음식문화에 대한 인식변화를 가져오게 되었다.

음식은 단순한 영양섭취 목적보다는 건강을 지키고 오감을 만족시켜 행복지수를 높이며, 음식커뮤니케이션의 기능과 함께 오락기능을 더하고 있다.

이에 전문 조리사는 다양한 직업으로 분업화·세분화되어 활동하게 되는데, 그 인기도는 조리 전문 방송 프로그램이 많아진 것을 보면 쉽게 알 수 있다.

현재 우리나라는 국가직무능력표준(NCS: national competency standards)을 개발하여 산업현장에서 직무를 수행하기 위해 요구되는 지식, 기술을 국가적 차원에서 표준화하고 있다.

이 책은 조리의 기초적인 부분부터 조리사가 알아야 하는 전반적인 내용을 담고 있어 산업현장에 적합한 인적자원 양성에 도움이 되는 전문서가 될 것으로 생각하며, 조리능력 향상에 길잡이가 될 것으로 믿는다.

왜냐하면 특급호텔인 롯데와 인터컨티넨탈에서 15년간의 현장 경험과 15년의 교육 경력을 바탕으로 정확한 레시피와 자세한 설명을 곁들여 정리하였기 때문이다.

조리학문 발전을 위해 노력하신 많은 선배님들께 감사드리며, 늘 배려를 아끼지 않으시는 백산출판사 사장님 이하 직원분들께 머리 숙여 깊은 감사를 드린다.

조리인이여~

넓은 세상을 보고 많은 꿈을 꾸며, 희망을 가지고 남다른 노력을 한다면, 소망과 꿈은 이루어지리라.

대표저자 **한혜영**

CONTENTS

NCS - 학습모듈의 위치

대분류	음식서비스
중분류	식음료조리·서비스
소분류	음식조리

한식 면류 조리 학습모듈의 개요

학습모듈의 목표

밀가루나 쌀가루, 메밀가루, 전분가루를 사용하여 국수, 만두, 냉면을 조리할 수 있다.

선수학습

식품과 조리원리, 한국조리, 식품재료학, 식품가공학

학습모듈의 내용체계

학습	학습내용	NCS 능력단위요소	
		코드번호	요소명칭
1. 면류 재료 준비하기	1-1. 면 재료 준비 및 전처리	1301010103_16v3.1	면류 재료 준비하기
	1-2. 면 육수 제조 및 반죽		
2. 면류 조리하기	2-1. 면 및 만두 조리	1301010103_16v3.2	면류 조리하기
	2-2. 면 양념장 및 고명 제조		
3. 면류 담기	3-1. 면 그릇 선택	1301010103_16v3.3	면류 담기
	3-2. 면 및 양념장, 고명 제공		

핵심 용어

면, 국수, 만두, 냉면, 육수, 양념장, 고명, 반죽, 만두피, 칼국수

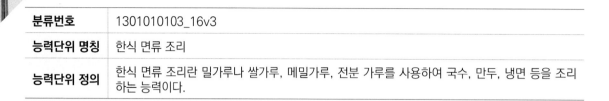

분류번호	1301010103_16v3
능력단위 명칭	한식 면류 조리
능력단위 정의	한식 면류 조리란 밀가루나 쌀가루, 메밀가루, 전분 가루를 사용하여 국수, 만두, 냉면 등을 조리하는 능력이다.

능력단위요소	수행준거
1301010103_16v3.1 면류 재료 준비하기	1.1 면 조리(국수, 만두, 냉면) 종류에 따라 재료를 준비할 수 있다. 1.2 조리에 사용하는 재료를 필요량에 맞게 계량할 수 있다. 1.3 부재료는 조리방법에 맞게 전처리 할 수 있다. 1.4 찬물에 육수 재료를 넣고 면 조리의 종류에 맞게 화력과 시간을 조절하여 육수를 만들 수 있다. 1.5 가루를 분량대로 섞어 반죽할 수 있다. 1.6 사용 시점, 조리법에 따라 숙성, 보관할 수 있다. 1.7 손이나 기계를 사용하여 용도에 맞게 면이나 만두피를 만들 수 있다.
	【지식】 • 부재료와 양념의 종류 • 재료의 종류 • 재료의 특성, 성분 • 조리도구의 종류, 용도 • 재료 선별 • 용도에 맞는 육수의 종류 • 육수 만드는 방법 • 육수 냉각 • 조리기구 사용법 • 조미료, 향신료의 종류와 특성 • 육수종류에 따른 재료선택 • 가루와 물의 배합비율 • 반죽의 상태판별법 • 반죽의 성형 • 반죽의 숙성 • 가루의 특성과 글루텐 형성
	【기술】 • 면 종류에 따라 사용하는 재료의 선택능력 • 식재료 선별능력 • 재료에 따라 요구되는 세척기술 • 재료의 전처리능력 • 저장, 보관, 자르기 기술 • 부재료를 사용한 맛과 향 조절능력 • 육수 조리 시 불의 세기 조절능력 • 육수를 냉각시켜 보관하는 기술 • 육수를 시간 맞춰 끓이는 기술 • 용도에 맞는 육수 끓이는 기술 • 가루와 물의 배합능력 • 면의 일정한 두께와 형태 조절 기술 • 면의 종류에 따른 밀기와 써는 기술 • 면의 종류에 따른 반죽의 숙성능력 • 면의 종류에 따른 반죽의 시간조절 능력 • 재료 특성에 따른 반죽기술
	【태도】 • 바른 작업 태도 • 반복훈련태도 • 세밀하게 관찰하는 태도 • 안전관리태도 • 위생관리태도 • 준비재료에 대한 세밀한 점검 태도

1301010103_16v3.2 면류 조리하기	2.1 면 종류에 따라 삶거나 끓일 수 있다. 2.2 만두는 만두피에 소를 넣어 조리법에 따라 빚을 수 있다. 2.3 부재료를 조리법에 따라 조리할 수 있다. 2.4 면 종류에 따라 양념장을 만들어 비비거나 용도에 맞게 활용할 수 있다. 2.5 면의 종류에 따라 어울리는 고명을 만들 수 있다.
	【지식】 • 고명의 종류 • 면 삶기 및 끓이기 • 면의 종류에 맞는 양념장 비율 • 면의 종류와 부재료의 특성 • 면 조리에 대한 조리원리 • 조리과정 중의 물리화학적 변화에 관한 조리과학적 지식
	【기술】 • 만두 빚는 기술 • 면(국수, 만두, 냉면)을 용도에 맞게 삶거나 끓이는 기술 • 면의 종류에 따라 찬물에 헹구어 탄력을 유지하는 기술 • 면의 종류에 맞는 양념장 만드는 기술 • 면의 종류와 특성에 맞는 부재료를 조리의 순서에 따라 조리하는 능력 • 칼국수를 일정하게 써는 기술
	【태도】 • 바른 작업 태도 • 조리과정을 관찰하는 태도 • 실험조리를 수행하는 과학적 태도 • 안전관리태도 • 위생관리태도
1301010103_16v3.3 면류 담기	3.1 조리종류와 색, 형태, 인원수, 분량 등을 고려하여 그릇을 선택할 수 있다. 3.2 요리 종류에 따라 냉·온으로 제공할 수 있다. 3.3 필요한 경우 양념장과 고명을 얹거나 따로 제공할 수 있다.
	【지식】 • 그릇과의 조화를 고려하여 담는 법 • 면 종류에 어울리는 고명 • 계절에 따른 그릇 선택 지식

1301010103_16v3.3 면류 담기	【기술】 • 면을 모양내어 담는 능력 • 면 종류에 어울리는 고명을 장식하는 기술 • 면의 종류에 따른 그릇 선택기술 • 품질을 객관적으로 판정하는 능력
	【태도】 • 관찰하는 태도 • 바른 작업 태도 • 반복훈련태도 • 식품위생관리태도

적용범위 및 작업상황

고려사항

- 면 조리 능력단위는 다음 범위가 포함된다.
  - 국수류 : 비빔국수, 국수장국, 칼국수, 수제비, 막국수
  - 만두류 : 만둣국, 떡만둣국, 편수, 규아상
  - 냉면류 : 비빔냉면, 물냉면
  - 기타 : 떡국, 조랭이 떡국
- 육수란 소고기, 닭고기, 멸치, 새우, 다시마, 바지락, 채소 등에 물을 붓고 끓여낸 맑은 국물이다.
- 면류 조리의 전처리란 맑은 육수를 만들기 위해 사전에 육류를 물에 담가 핏물을 제거하는 과정과 채소류 등을 다듬고 깨끗하게 씻는 과정을 말한다.
- 냉면류와 비빔국수, 막국수 등은 찬 온도로 제공하며 만둣국, 국수장국, 칼국수 등은 뜨거운 온도로 제공한다.
- 만두류는 조리법에 따라 찜통에 쪄내어 제공할 수도 있다.
- 만두소는 소고기, 돼지고기, 닭고기 등을 다진 육류와 으깬 두부나 다진 버섯·채소, 양념류를 혼합한다.
- 면을 삶아낼 때는 가열 중간에 1~2회 정도 찬물을 부어주고 끓고 나면 재빨리 찬물로 냉각한다.
- 면 조리시간 : 소면 4분, 칼국수 5~6분, 냉면 40초, 면의 굵기와 생면·건면 상태, 첨가물에 따라 조절할 수 있다.
- 필요에 따라 소면, 냉면, 메밀 면, 떡국용 떡, 조랭이 떡 등은 시판용을 사용할 수 있다.

자료 및 관련 서류

- 한식조리 전문서적
- 조리원리 전문서적, 관련 자료
- 식품재료 관련 전문시적
- 식품재료의 원가, 구매, 저장 관련서적
- 안전관리수칙 서적
- 매뉴얼에 의한 조리과정, 조리결과 체크리스트
- 식자재 구매 명세서

- 조리도구 관련서적
- 식품영양 관련서적
- 식품기공 관련서적
- 식품위생법규 전문서적
- 원산지 확인서
- 조리도구 관리 체크리스트

장비 및 도구

- 조리용 칼, 도마, 냄비, 용기, 그릇, 계량컵, 믹서, 계량스푼, 계량저울, 조리용 젓가락, 온도계, 염도계, 체, 조리용 집게, 타이머 등
- 가스레인지, 전기레인지 또는 가열도구
- 조리복, 조리모, 앞치마, 조리안전화, 행주, 분리수거용 봉투 등

재료

- 주재료 – 쌀가루, 밀가루, 메밀가루 등
- 부재료 – 육류(소고기, 돼지고기, 닭고기) 채소류(호박, 오이, 표고버섯), 어패류(바지락)
- 양념류 – 진간장, 국간장, 고추장, 고춧가루, 소금, 설탕, 깨소금, 참기름 등

평가지침

평가방법

- 평가자는 능력단위 한식 면류 조리의 수행준거에 제시되어 있는 내용을 평가하기 위해 이론과 실기를 나누어 평가하거나 종합적인 결과물의 평가 등 다양한 평가 방법을 사용할 수 있다.
- 피평가자의 과정평가 및 결과평가 방법

평가방법	평가유형	
	과정평가	결과평가
A. 포트폴리오	V	V
B. 문제해결 시나리오		
C. 서술형시험	V	V
D. 논술형시험		
E. 사례연구		
F. 평가자 질문	V	V
G. 평가자 체크리스트	V	V
H. 피평가자 체크리스트		
I. 일지/저널		
J. 역할연기		
K. 구두발표		
L. 작업장평가	V	V
M. 기타		

| 평가 시 고려사항

- 수행준거에 제시되어 있는 내용을 성공적으로 수행할 수 있는지를 평가해야 한다.
- 평가자는 다음 사항을 평가해야 한다.
  - 조리복, 조리모 착용 및 개인 위생 준수능력
  - 위생적인 조리과정
  - 계량의 정확성
  - 식재료 전처리, 준비 과정의 적정성
  - 반죽 상태의 적정성
  - 면류의 조리능력
  - 조리의 숙련정도
  - 면류 조리의 완성도
  - 기물의 사용능력
  - 위생적인 조리과정
  - 식재료 선별능력
  - 반죽 시 재료의 특성에 따라 물의 양을 조절할 수 있는 능력
  - 화력조절 능력
  - 식기류의 안전한 취급
  - 색상의 조화를 고려하여 그릇에 담는 능력
  - 조리도구의 사용 전, 후 세척
  - 조리 후 정리정돈 능력

직업기초능력

순번	직업기초능력	
	주요영역	하위영역
1	의사소통능력	경청 능력, 기초외국어 능력, 문서이해 능력, 문서작성 능력, 의사표현 능력
2	문제해결능력	문제처리 능력, 사고력
3	자기개발능력	경력개발 능력, 자기관리 능력, 자아인식 능력
4	정보능력	정보처리 능력, 컴퓨터활용 능력
5	기술능력	기술선택 능력, 기술이해 능력, 기술적용 능력
6	직업윤리	공동체윤리, 근로윤리

개발·개선 이력

구분		내용
직무명칭(능력단위명)		한식조리(한식 면류 조리)
분류번호	기존	1301010103_14v2
	현재	1301010103_16v3
개발·개선연도	현재	2016
	최초(1차)	2014
버전번호		v3
개발·개선기관	현재	(사)한국조리기능장협회
	최초(1차)	
향후 보완 연도(예정)		–

한식조리 면

이론
&
실기

한식조리
면 이론

◆ 국수

밀·메밀·감자 등의 가루를 반죽하여 얇게 밀어서 썰거나 국수틀로 가늘게 뺀 식품 또는 그것을 삶아 국물(육수)에 말거나 비벼서 먹는 음식을 국수라 한다.

예부터 국수는 생일이나 혼인, 회갑 등 잔치의 손님 접대 음식으로 평상시에는 점심의 별식으로 먹어 왔다. 우리는 국수를 한문으로 면(麵)이라고 하지만 면은 원래 밀가루를 의미한다. 삶은 면을 물로 헹구어 건져 올린다고 하여 국수(掬水)라고 칭하였다.

궁중의 잔치 기록인 《진찬의궤》나 《진연의궤》를 보면 크고 작은 잔치의 고임상에 반드시 국수가 올라갔으며 왕족부터 손님, 신하, 악공, 여령(궁중에서 춤과 노래를 맡아 거행하던 여자)에 이르기까지 주식으로 국수를 차렸다고 한다.

국수는 제조방법에 따라 납면(拉麵), 압면(押麵), 절면(切麵), 소면(素麵), 하분(河紛) 등으로 나눌 수 있고 조리방법에 따라 크게 제물 국수와 건진 국수로 나눌 수 있다.

제물 국수는 국수 삶은 국물을 버리지 않고 국수와 함께 먹는 국수로 '제물에 그대로 삶았다'고 하여 제물 국수라고 하며 칼국수가 대표적이다. 건진 국수는 국수를 삶아 물에 헹궈낸 국수를 말하는 것으로 냉면(물냉면, 비빔냉면), 비빔국수, 온면(국수장국), 콩국수 등이 있다.

국수의 문화

우리나라에서는 통일신라시대까지의 문헌에 국수를 가리키는 말이 보이지 않다가 송과 밀접하게 교류했던 고려시대에는 제례에 면을 쓰고 사원에서 면을 만들어 팔았다는 말이 《고려사》에 보인다. 그러나 고려시대의 면이 어떤 것인지에 대한 구체적인 자료는 없다.

(1) 절면

《음식디미방》의 절면은 주재료가 메밀가루이고 여기에 연결제로 밀가루를 섞고 있다. 《주방문》에서는 메밀가루를 찹쌀 끓인 물로 반죽한다고 하였다. 오늘날의 절면은 밀가루를 많이 쓰고 있으나 옛날에는 우리나라에 밀가루가 흔하지 않았다. 《음식디미방》이나 《주방문》이 나온 1600년대 말엽에 메밀은 으뜸가는 국수재료였던 것이다.

《음식디미방》에서는 밀가루로 국수를 만들고 있다. "달걀을 밀가루에 섞어 반죽하여 절면이나 압착면으로 하여 꿩고기를 삶은 육수에 말아서 쓴다"고 하여 이것을 난면법이라 하였다. 《시의전서》에도 밀가루와 달걀로 만든 절면이 나오는데 국물이나 꾸미가 호화롭다.

(2) 압착면

밀가루를 원료로 하면 글루텐의 점성 때문에 쉽게 면을 만들 수 있으나 다른 곡물이나 전분의 경우는 면이 끊어져서 쉽게 성형되지 않기 때문에 이런 경우에는 열탕 속에 국수발을 밀어낸다. 그러면 녹은 호화하여 강한 점성을 나타낸다. 《음식디미방》이나 《주방문》에서는 이러한 압착면을 만드는 데 오늘날과 같이 국수틀을 쓰는 것이 아니고 바가지를 이용하는 흥미로운 방법을 설명하고 있다. 재료는 녹말을 쓰기도 하고 또 녹말에 밀가루를 섞기도 한다. 《음식디미방》에서는 "바가지 밑바닥에 구멍을 뚫어 녹말풀을 담아 끓는 물 위에 아주 높이 들고 박을 두드리면 밑으로 흘러내린다. 끓어서 익은 후에 건져내면 모시실 같다. 반죽할 때 풀이 되거나 너무 질어도 안 된다"고 하였다. 또 《주방문》에서는 "가늘게 하려면 바가지를 더욱 높이 들면 된다"고 하였다.

조선시대의 면류는 삶아낸 후 반드시 냉수에 담근다. 면류는 뜨거운 물에 삶아내면 표면의 전분이 호화되어 점착력이 늘 뿐 아니라 국물이 흐려지게 된다. 또 삶아낸 후에도 열이 남아 있으면 속까지 호화가 진행되어 물을 빨아들여 끈기가 약해져 퍼져버린다.

경북 안동의 향토음식으로서 건진 국수가 있다. 이것은 밀가루, 콩가루 반죽의 절면을 익혀서 찬물에서 건져냈다고 하여 생겨난 이름이라 한다.

(3) 국수장국

《음식디미방》에서는 난면법에서는 꿩 삶은 국물을 쓴다고 하였다.

《시의전서》 온면조에서는 "탕무를 넣은 고기장국에 국수를 토렴하여 말고 잡탕국 위에 웃기를 얹는다"고 하면서 이것을 온면이라 하였다.

(4) 비빔국수

《동국세시기》에는 "메밀국수에 잡채, 배, 밤, 소고기, 돼지고기, 참기름, 간장 등을 넣어 섞은 것을 골동면(骨董麵)"이라 한다.

《시의전서》의 비빔국수는 "황육을 다져 재워서 볶고, 숙주와 미나리를 삶고, 묵을 무쳐 양념을 갖춰 넣은 다음 국수를 비벼 그릇에 담는다. 그 위에는 고기 볶은 것과 고춧가루, 깨소금을 뿌리고 상에는 장국을 함께 놓는다"고 하였다.

이러한 비빔국수로서 오늘날 명성이 높은 것은 함흥비빔냉면을 들 수 있겠다. 이것은 녹말 압착면에다 고기나 생선회를 고명으로 얹어서 얼큰하고 달콤하게 비벼낸 것이다. 그리고 춘천의 막국수도 있다.

(5) 냉면

냉면이 처음 나오는 문헌은 《동국세시기》로 11월 시식으로 소개하였다. 냉면 만드는 방법은 《시의전서》(1800년대 말)에 처음 나온다.

평양냉면은 메밀을 많이 넣고 삶은 국수를 차가운 동치미국이나 육수에 만 장국냉면이고, 함흥냉면은 강냉이나 고구마전분을 많이 넣고 가늘게 뺀 국수를 매운 양념장으로 무치고 새빨갛게 양념한 홍어회를 얹은 비빔냉면으로, 만드는 방법과 맛이 전혀 다르다.

그 밖의 냉면으로 북쪽 지방에는 겨울철에 잡은 꿩고기를 넣은 생치냉면이 있고, 충청도 지방에는 나박김치냉면, 경상도 지방에는 바지락으로 국물을 낸 밀국수냉면이 있다.

(6) 나화

1600~1700년대의 우리나라 조리서에 나화, 탁면, 착면, 창면 등이 있다. 《음식디미방》에서는 녹두나화를 "시면가루를 물에 풀어 넓은 그릇에 떠놓고, 끓는 물에 중탕하여 한데 어리면 말갛게 익게 된다. 이것을 냉수에 담가 떠서 식거든 편편히 지어 썼다"고 하였다. "참깨를 볶아 찧어 냉수에 걸러서 녹두나화를 만든 것이 토장 녹두나화"라 하였다. 《시의전서》에서는 낭화라 하여 시면가루 대신에 밀가루

로 만든 국수를 국물에 말아서 먹는다.

《음식디미방》에서는 "메밀가루에다 녹말이나 밀가루를 섞어서 만든 나화를 오미자국에 잣을 웃기로 타면 여름 음식으로 가장 좋은데 이것을 착면(着麵)이라 한다" 하였다.

《주방문》에서는 나화를 "토장 착면(着麵)이라고도 하나니라" 하였다. 또《증보산림경제》'창면법'에서는 "녹말나화를 꿀을 탄 오미자국물이나 꿀을 탄 순장실즙(詢杖實汁)에 말아서 여름철에 먹으면 갈증이 그치고 조갈이 나지 않는다"고 하였다. 《임원십육지》에서는 창면(暢麵)이라 하였다. 이로써 오미자국물에 만 나화를 탁면, 착면(着麵), 창면(昌麵), 창면(暢麵) 등으로 불렀음을 알 수 있다.

▶ 국수틀

국수틀에 대해서는《임원십육지》에서 "큰 통나무의 중간에 지름 4~5치의 구멍을 뚫고, 이 둥근 구멍의 안을 무쇠로 싸서 그 바닥에 작은 구멍을 무수하게 뚫는다. 이 국수틀을 큰 무쇠솥 위에 고정시켜놓고 국수반죽을 누르면 가는 국수가 물이 끓는 솥으로 줄을 잇고 흘러내린다"고 하였다.

이와 같이 바가지에 넣거나 국수틀을 써서 실같이 뽑아내기 때문에 이들을 사면(絲麵), 세면(細麵), 시면 등으로 부르게 되었고《주방문》에서는 작은 구멍으로 새어 나와서 실처럼 된다고 하여 누면(漏麵)이라 하였다.

◈ 만두

만두는 원래 중국 음식으로 한나라 때 처음 만들었다고 한다. 우리나라에는 고려시대에 들어왔는데 상화(霜花)로 발효시킨 찐빵과 비슷한 것이었다.

만두는 껍질의 재료나 모양, 삶는 방법에 따라 종류가 많다. 껍질의 재료에 따라 밀만두, 메밀만두, 어만두, 동아만두, 처녑만두 등으로 나뉘고, 빚은 모양에 따라 사각진 것은 편수(片水), 해삼 모양은 규아상, 골무처럼 작게 빚은 골무만두, 석류 모양을 딴 석류만두, 큼직하게 빚은 대만두, 작게 빚은 소만두 그리고 껍질 없이 소를 밀가루에 굴려서 만든 굴림만두 등이 있다.

우리나라의 만두는《옹희잡지》에서 "화인(華人)은 만두를 병품(倂品)의 하나로 보고 있으나 동인은 병(餠)이라 하지 않고 잔칫상이나 제사상의 음식으로서 면식(麵食)의 상두를 차지한다. 제법은 훈소건습(量素乾濕)과 동일하지 않으나 대체로 소를 밀가루에 싸는 것으로 탕병(湯餠)이나 색병(素餠)과 같은

무리의 것이다" 하였다.

《음식디미방》의 만두는 "모밀가루를 눅직하게 반죽하여 가얌알만큼씩 떼어 빚는다. 만두소는 무를 아주 무르게 삶아 덩어리 없이 으깨고 꿩의 연한 살을 다져 간장, 기름에 볶아 백자, 후추, 천초가루로 양념을 하여 넣는다. 삶을 때 새옹에다 착착 넣어 한 사람씩 먹을 만큼 삶아 초간장에 생강즙을 하여 먹도록 한다"는 것이다.

《옹희잡지》의 숭채만두방은 "배추김치의 경엽을 난도하여 두부나 고기를 섞어 소로 삼고 밀가루나 메밀가루를 물로 반죽하여 잔같이 만들되 구를 크게 하고 피를 얇게 하여 소를 싸서 조각병처럼 만들어 장탕(醬湯)에다 유초(油椒) 등의 재료를 넣고 삶는다"고 하였다. 《동국세시기》의 만두도 이와 비슷하다.

◆ 수제비

수제비는 《신영양요리법(1935)》에 처음 기록되었고, 《조선요리법(1938)》, 《조선요리제법(1942)》, 《조선무쌍신식요리제법(1943)》에 기록되었다.

수제비는 밀가루에 소금을 넣고 물로 반죽하여 손으로 얇게 뜯어서 끓는 장국에 넣어 익혀 먹는 음식이다. 일반적으로 국물은 소고기나 멸치로 내고 감자, 호박, 양파, 대파 등의 채소를 넣기도 하며 국물과 건더기를 함께 먹는 주식 위치의 음식이다.

◆ 떡국

1. 면류 재료 준비 및 전처리

(1) 밀가루

① 박력분 – 단백질 함량(8~9%)
- 박력 1등 : 제과점용(케이크, 고급 스낵용, 양조용), 전분질 함유율이 높아 부드러운 맛이 뛰어나며, 색상이 밝고 퍼핑(puffing)성이 좋아 바삭한 식감이 뛰어나다.
- 박력 2등 : 일반 제과용, 비스킷용, 부드러우며 바삭한 맛이 뛰어나며 1급에 비해 피질의 함량이 높아 흡수율이 높고 구수한 맛을 낸다.

② 중력분 – 단백질 함량(10%)

- 중력 1등: 다목적용으로 만두, 국수, 수제비용, 색상이 밝고 투명하며 제면성이 좋고 퍼짐성이 우수하여 다목적용으로 사용된다.
- 중화면용 : 중화요식업소용, 색상이 희고 면발이 부드러우며 끈기가 좋고 쫄깃하여 식감이 좋다.
- 고급면용 : 고급 우동용, 색상이 밝고 투명하다.
- 중력 2등 : 다목적용, 색상이 좋고 1급에 비해 피질의 함량이 높아 구수한 맛을 낸다.

③ 강력분 – 단백질 함량(11%)

- 강력 1등 : 제빵용, 색상이 좋고 흡수율이 뛰어나며 글루텐 함유율이 높아 빵이 잘 부풀고 탄력성이 좋다.
- 강력 2등 : 일반 빵용, 끈기가 좋고 흡수율이 높다.

④ semolina flour – 단백질 함량(13%)

- 파스타용, 듀럼밀(durum wheat)로 만든다.

⑤ gluten flour – 단백질 함량(41%)

- 식품첨가물, 식품의 품질 향상에 쓰인다.

(2) 메밀

원산지는 중앙아시아이며, 우리나라에서는 전국에서 생산된다.

메밀은 수분이 13.5%, 당질이 66%, 단백질이 13.8%, 지방이 4% 정도이다. 혈관의 저항성을 강화시켜 주는 루틴(rutin)이라는 성분이 배유에 골고루 분포되어 있어서 고혈압에 좋다.

2. 면류 육수 만들기

(1) 소고기 육수

- 양지머리, 사태 등 주로 사용
- 찬물에 담가 핏물을 빼고 끓는 물에 데쳐서 찬물에 넣어 끓인다.

(2) 닭고기 육수

- 닭뼈 또는 닭살을 사용
- 찬물에 담가 핏물을 빼고 끓는 물에 데쳐서 찬물에 넣어 끓인다.

(3) 다시마, 멸치 육수

- 마른 다시마와 국물용 멸치를 사용
- 마른 다시마는 찬물에 넣어 물이 끓으면 다시마를 건져 사용하고, 멸치는 팬에 노릇하게 볶아 끓는 물에 넣어 육수를 끓인다.

(4) 조개 육수

- 바지락, 모시조개, 중합, 대합 등 사용
- 조개류는 해감을 해서 사용하고, 찬물에 넣어 입을 벌리면 그 물에 흔들어 조개를 건지고 국물은 면포에 걸러 사용한다.

(5) 황태 육수

- 잘 마른 황태살, 황태머리, 뼈, 껍질 등을 사용
- 황태는 찬물에 넣고 푹 끓여 육수로 사용한다.

(6) 채소 육수

- 무, 배추, 버섯, 대파, 마늘 등 사용
- 찬물에 넣고 푹 끓여 육수로 사용한다.

3. 국수, 만두 반죽하기

(1) 칼국수 반죽, 만두 반죽

손으로 만드는 것으로 밀가루에 소금물을 넣어 차지게 반죽하여 휴지기를 둔 다음 밀어 사용한다.

시금치, 당근, 고추 등으로 색을 내어 사용하면 맛도 좋고 영양적으로도 좋다.

반죽을 한 덩어리로 크게 밀어 0.3cm 두께로 만들고, 0.3cm~0.5cm 두께로 썰면 칼국수가 되고,

밤톨만하게 떼어내어 둥글게 0.3cm 두께로 밀면 만두피가 만들어진다.

(2) 메밀국수의 반죽

메밀반죽은 메밀가루와 밀가루를 섞는데 보통 3:7 비율부터 7:3 비율까지 반죽할 수 있으며 밀가루가 많이 들어가면 반죽은 차지게 된다.

메밀과 전분을 섞어 반죽하여 압착하면 냉면이 된다.

메밀의 함량이 많으면 함흥냉면이 되고, 비빔냉면으로 주로 사용한다.

메밀의 함량이 적어져 쫄깃한 면을 만들면 평양냉면이 된다. 주로 물냉면으로 사용한다.

4. 조리하기

(1) 국수조리

국수는 국수 무게의 6배 정도 되는 물을 넣어 삶는다. 삶아진 국수는 찬물에 헹구어 빠르게 씻는다. 1인분으로 사리를 만들어 사용한다.

부재료는 요리에 따라 썰어서 볶거나 삶아서 또는 지단을 하여 사용한다.

(2) 만두조리

장국만두, 찐만두, 준치만두, 어만두, 굴린만두 등 만두에 따라 소를 준비하고, 만드는 모양도 달라진다.

참고문헌

- 3대가 쓴 한국의 전통음식(황혜선 외, 교문사, 2010)
- 두산백과
- 우리가 정말 알아야 할 우리 음식 백가지(한복진, 현암사, 1998)
- 한국민족문화대백과사전(한국학중앙연구원, 1991)
- 한국의 음식문화(이효지, 신광출판사, 1998)

Memo

콩국수

재료

- 흰콩 1컵
- 땅콩 20g
- 잣 10g
- 생수 1½컵
- 소금 1/2작은술
- 오이 30g
- 토마토 30g
- 소면 100g
- 흑임자 약간

만드는 법

재료 확인하기

1 흰콩, 땅콩, 잣, 오이, 토마토 등의 품질 확인하기

사용할 도구 선택하기

2 냄비, 프라이팬, 나무젓가락 등을 선택하여 준비한다.

재료 계량하기

3 각각의 재료 분량을 컵과 계량스푼, 저울로 계량하기

재료 준비하기

4 흰콩은 충분히 불린다. 냄비에 찬물, 흰콩을 넣어 물이 끓어 오르면 3분 정도 삶아서 찬물에 헹군 다음 콩껍질을 제거한다.
5 땅콩은 껍질을 벗기고, 잣은 흐르는 물에 빨리 씻어 물기를 제거한다.
6 오이는 0.3cm×0.3cm×5cm로 채를 썬다.
7 토마토는 한입 크기로 썬다.

조리하기

8 블렌더에 흰콩, 땅콩, 잣을 넣어 곱게 갈아 체에 거른다.
9 국수는 물을 넉넉히 하여 삶아 건져 찬물에 세 번 헹궈 1인분 사리를 만든다.

담아 완성하기

10 콩국수의 그릇을 선택한다.
11 그릇에 보기 좋게 국수를 담고, 오이, 토마토, 흑임자를 올리고 콩 물을 살며시 붓는다. 소금을 곁들인다.

학습 평가

평가자 체크리스트

학습내용	평가 항목	성취수준		
		상	중	하
면류 재료 준비 및 전처리	면 조리 종류에 따른 재료 준비 방법			
	재료에 따른 계량도구 선택 및 방법			
	재료의 전처리 능력			
면 육수 제조 및 반죽	육수를 끓이는 불 조절 능력			
	육수에 따라 맑게 또는 진하게 만드는 능력			
	반죽을 용도에 따라 만드는 능력			
면 및 만두 조리	불의 세기를 조절하여 익히는 능력			
	면 및 만두에 따라 육수의 양을 조절하는 능력			
면 양념장 및 고명 제조	양념장을 만드는 능력			
	고명을 만드는 능력			
그릇 선택하기	뜨겁고 차가운 메뉴별 그릇을 선택하는 능력			
면류 제공하기	양념장을 얹거나 따로 제공하는 능력			
	고명을 보기 좋게 얹는 능력			
	국물의 양을 조절하여 담는 능력			

서술형 시험

학습내용	평가 항목	성취수준		
		상	중	하
면류 재료 준비 및 전처리	메뉴에 따른 재료 준비 방법			
	밀가루의 종류 및 선택하는 방법			
	재료를 손질하여 전처리하는 방법			
면 육수 제조 및 반죽	메뉴와 어울리는 육수를 끓일 때 화력조절의 방법			
	육수를 거르는 방법			
	반죽을 만드는 방법			
	반죽을 숙성하여 사용하는 방법			
면 및 만두 조리	계절에 따른 만두와 국수의 종류			
	지역별 메뉴 설명			
면 양념장 및 고명 제조	메뉴에 따른 양념장 설명			
	주로 사용되는 고명 설명			
그릇 선택하기	메뉴별 그릇을 선택하는 방법			
면류 제공하기	양념장을 곁들여 내는 방법			
	고명을 얹어내는 방법			

작업장 평가

학습내용	평가 항목	성취수준		
		상	중	하
면류 재료 준비 및 전처리	재료를 계량하여 준비하는 능력			
	전처리하여 준비하는 능력			
	크기를 조절하여 칼질하는 능력			
면 육수 제조 및 반죽	화력을 조절하는 능력			
	사용 목적에 따라 육수를 보관 숙성하는 능력			
	용도에 맞게 면이나 만두피가 되도록 반죽하는 능력			
면 및 만두 조리	만두를 찌거나 삶는 능력			
	면을 끓여 익히는 능력			
면 양념장 및 고명 제조	양념장을 비율에 맞게 만드는 능력			
	주재료와 어울리는 고명 만드는 능력			
그릇 선택하기	그릇을 음식에 맞게 준비하는 능력			
면류 제공하기	차게 또는 뜨겁게 완성하는 능력			
	고명을 어울리게 얹어 제공하는 능력			
	국물의 양을 적당하게 담아내는 능력			
	양념장을 곁들이거나 담아내는 능력			

학습자 완성품 사진

완두콩국수

재료

- 완두콩 1컵
- 땅콩 20g
- 잣 10g
- 생수 1½컵
- 소금 1/2작은술
- 오이 30g
- 토마토 30g
- 소면 100g
- 흑임자 약간

만드는 법

재료 확인하기

1 완두콩, 땅콩, 잣, 오이, 토마토 등의 품질 확인하기

사용할 도구 선택하기

2 냄비, 프라이팬, 나무젓가락 등을 선택하여 준비한다.

재료 계량하기

3 각각의 재료 분량을 컵과 계량스푼, 저울로 계량하기

재료 준비하기

4 냄비에 물이 끓으면 완두콩을 넣어 3분 정도 삶아서 찬물에 헹군 다음 콩껍질을 제거한다.
5 땅콩은 껍질을 벗기고, 잣은 흐르는 물에 빨리 씻어 물기를 제거한다.
6 오이는 0.3cm×0.3cm×5cm로 채를 썬다.
7 토마토는 한입 크기로 썬다.

조리하기

8 블렌더에 물, 완두콩, 땅콩, 잣을 넣어 곱게 갈아 체에 거른다.
9 국수는 물을 넉넉히 하여 삶아 건져 찬물에 세 번 헹궈 1인분 사리를 만든다.

담아 완성하기

10 완두콩국수의 그릇을 선택한다.
11 그릇에 보기 좋게 국수를 담고, 오이, 토마토, 흑임자를 올리고 완두콩물을 살며시 붓는다. 소금을 곁들인다.
※ 5~6월이 제철이므로 수확기에 해 먹으면 더욱 좋다.

학습
평가

평가자 체크리스트

학습내용	평가 항목	성취수준		
		상	중	하
면류 재료 준비 및 전처리	면 조리 종류에 따른 재료 준비 방법			
	재료에 따른 계량도구 선택 및 방법			
	재료의 전처리 능력			
면 육수 제조 및 반죽	육수를 끓이는 불 조절 능력			
	육수에 따라 맑게 또는 진하게 만드는 능력			
	반죽을 용도에 따라 만드는 능력			
면 및 만두 조리	불의 세기를 조절하여 익히는 능력			
	면 및 만두에 따라 육수의 양을 조절하는 능력			
면 양념장 및 고명 제조	양념장을 만드는 능력			
	고명을 만드는 능력			
그릇 선택하기	뜨겁고 차가운 메뉴별 그릇을 선택하는 능력			
면류 제공하기	양념장을 얹거나 따로 제공하는 능력			
	고명을 보기 좋게 얹는 능력			
	국물의 양을 조절하여 담는 능력			

서술형 시험

학습내용	평가 항목	성취수준		
		상	중	하
면류 재료 준비 및 전처리	메뉴에 따른 재료 준비 방법			
	밀가루의 종류 및 선택하는 방법			
	재료를 손질하여 전처리하는 방법			
면 육수 제조 및 반죽	메뉴와 어울리는 육수를 끓일 때 화력조절의 방법			
	육수를 거르는 방법			
	반죽을 만드는 방법			
	반죽을 숙성하여 사용하는 방법			
면 및 만두 조리	계절에 따른 만두와 국수의 종류			
	지역별 메뉴 설명			
면 양념장 및 고명 제조	메뉴에 따른 양념장 설명			
	주로 사용되는 고명 설명			
그릇 선택하기	메뉴별 그릇을 선택하는 방법			
면류 제공하기	양념장을 곁들여 내는 방법			
	고명을 얹어내는 방법			

작업장 평가

학습내용	평가 항목	성취수준		
		상	중	하
면류 재료 준비 및 전처리	재료를 계량하여 준비하는 능력			
	전처리하여 준비하는 능력			
	크기를 조절하여 칼질하는 능력			
면 육수 제조 및 반죽	화력을 조절하는 능력			
	사용 목적에 따라 육수를 보관 숙성하는 능력			
	용도에 맞게 면이나 만두피가 되도록 반죽하는 능력			
면 및 만두 조리	만두를 찌거나 삶는 능력			
	면을 끓여 익히는 능력			
면 양념장 및 고명 제조	양념장을 비율에 맞게 만드는 능력			
	주재료와 어울리는 고명 만드는 능력			
그릇 선택하기	그릇을 음식에 맞게 준비하는 능력			
면류 제공하기	차게 또는 뜨겁게 완성하는 능력			
	고명을 어울리게 얹어 제공하는 능력			
	국물의 양을 적당하게 담아내는 능력			
	양념장을 곁들이거나 담아내는 능력			

학습자 완성품 사진

쟁반막국수

재료

- 마른 메밀국수 100g
- 오이 70g
- 동치미김칫국 1½컵
- 배추김치 70g
- 깨소금 2작은술
- 고춧가루 1작은술
- 달걀 1개

풋고추양념장

- 간장 1작은술
- 참기름 1작은술
- 풋고추 1개

만드는 법

재료 확인하기

1 메밀국수, 오이, 동치미국물, 배추김치 등의 품질 확인하기

사용할 도구 선택하기

2 냄비, 프라이팬, 나무젓가락 등을 선택하여 준비한다.

재료 계량하기

3 각각의 재료 분량을 컵과 계량스푼, 저울로 계량하기

재료 준비하기

4 오이는 0.3cm×0.3cm×5cm로 채를 썬다.
5 배추김치는 속을 털어내고 송송썬다.
6 풋고추는 씨를 제거하고 송송썬다.

조리하기

7 달걀은 삶아 반으로 가른다.
8 메밀국수는 물을 넉넉히 넣고 삶아 찬물에 헹궈 1인분 사리를 만든다.
9 동치미국물에 배추김치 썬 것, 깨소금, 고춧가루를 넣어 국물을 만든다.
10 다진 풋고추, 간장, 참기름을 버무려 풋고추양념을 만든다.

담아 완성하기

11 메밀막국수의 그릇을 선택한다.
12 그릇에 보기 좋게 메밀막국수를 담고, 오이, 달걀을 올리고 국물을 살며시 붓는다. 풋고추양념을 곁들인다.

학습 평가

| 평가자 체크리스트

학습내용	평가 항목	성취수준		
		상	중	하
면류 재료 준비 및 전처리	면 조리 종류에 따른 재료 준비 방법			
	재료에 따른 계량도구 선택 및 방법			
	재료의 전처리 능력			
면 육수 제조 및 반죽	육수를 끓이는 불 조절 능력			
	육수에 따라 맑게 또는 진하게 만드는 능력			
	반죽을 용도에 따라 만드는 능력			
면 및 만두 조리	불의 세기를 조절하여 익히는 능력			
	면 및 만두에 따라 육수의 양을 조절하는 능력			
면 양념장 및 고명 제조	양념장을 만드는 능력			
	고명을 만드는 능력			
그릇 선택하기	뜨겁고 차가운 메뉴별 그릇을 선택하는 능력			
면류 제공하기	양념장을 얹거나 따로 제공하는 능력			
	고명을 보기 좋게 얹는 능력			
	국물의 양을 조절하여 담는 능력			

| 서술형 시험

학습내용	평가 항목	성취수준		
		상	중	하
면류 재료 준비 및 전처리	메뉴에 따른 재료 준비 방법			
	밀가루의 종류 및 선택하는 방법			
	재료를 손질하여 전처리하는 방법			
면 육수 제조 및 반죽	메뉴와 어울리는 육수를 끓일 때 화력조절의 방법			
	육수를 거르는 방법			
	반죽을 만드는 방법			
	반죽을 숙성하여 사용하는 방법			
면 및 만두 조리	계절에 따른 만두와 국수의 종류			
	지역별 메뉴 설명			
면 양념장 및 고명 제조	메뉴에 따른 양념장 설명			
	주로 사용되는 고명 설명			
그릇 선택하기	메뉴별 그릇을 선택하는 방법			
면류 제공하기	양념장을 곁들여 내는 방법			
	고명을 얹어내는 방법			

작업장 평가

학습내용	평가 항목	성취수준		
		상	중	하
면류 재료 준비 및 전처리	재료를 계량하여 준비하는 능력			
	전처리하여 준비하는 능력			
	크기를 조절하여 칼질하는 능력			
면 육수 제조 및 반죽	화력을 조절하는 능력			
	사용 목적에 따라 육수를 보관 숙성하는 능력			
	용도에 맞게 면이나 만두피가 되도록 반죽하는 능력			
면 및 만두 조리	만두를 찌거나 삶는 능력			
	면을 끓여 익히는 능력			
면 양념장 및 고명 제조	양념장을 비율에 맞게 만드는 능력			
	주재료와 어울리는 고명 만드는 능력			
그릇 선택하기	그릇을 음식에 맞게 준비하는 능력			
면류 제공하기	차게 또는 뜨겁게 완성하는 능력			
	고명을 어울리게 얹어 제공하는 능력			
	국물의 양을 적당하게 담아내는 능력			
	양념장을 곁들이거나 담아내는 능력			

학습자 완성품 사진

김치국수

재료

- 소면 100g
- 배추김칫국 1컵
- 설탕 2큰술
- 식초 4큰술
- 소금 1/4작은술
- 배추김치 200g
- 통깨 1큰술
- 쪽파 1줄기
- 설탕 개인첨가
- 식초 개인첨가

멸치 육수

- 마른 멸치 30g
- 물 5컵

만드는 법

재료 확인하기
1 소면, 배추김치, 쪽파, 마른 멸치 등의 품질 확인하기

사용할 도구 선택하기
2 냄비, 프라이팬, 나무젓가락 등을 선택하여 준비한다.

재료 계량하기
3 각각의 재료 분량을 컵과 계량스푼, 저울로 계량하기

재료 준비하기
4 배추김치는 속을 털어내고 송송 썬다.
5 배추김치 국물을 체에 거른다.
6 쪽파는 송송 썬다.
7 마른 멸치는 아가미와 내장을 제거한다.

조리하기
8 팬에 멸치를 볶는다. 냄비에 물이 끓으면 볶은 멸치를 넣어 육수를 끓이고, 체에 거른 후 식힌다.
9 멸치 육수에 김칫국, 설탕, 식초, 소금, 통깨를 넣어 육수를 만든다.
10 끓는 물에 소면을 삶아 찬물에 헹구어 1인 사리를 만든다.

담아 완성하기
11 김치국수의 그릇을 선택한다.
12 그릇에 삶은 소면을 담고, 육수를 붓는다. 쪽파를 뿌린다. 설탕, 식초는 개인취향에 따라 첨가하도록 곁들인다.
13 육수를 만들어 살얼음이 되도록 냉동실에 넣어 두었다가 해 먹으면 맛이 더욱 좋다.

학습
평가

평가자 체크리스트

학습내용	평가 항목	성취수준		
		상	중	하
면류 재료 준비 및 전처리	면 조리 종류에 따른 재료 준비 방법			
	재료에 따른 계량도구 선택 및 방법			
	재료의 전처리 능력			
면 육수 제조 및 반죽	육수를 끓이는 불 조절 능력			
	육수에 따라 맑게 또는 진하게 만드는 능력			
	반죽을 용도에 따라 만드는 능력			
면 및 만두 조리	불의 세기를 조절하여 익히는 능력			
	면 및 만두에 따라 육수의 양을 조절하는 능력			
면 양념장 및 고명 제조	양념장을 만드는 능력			
	고명을 만드는 능력			
그릇 선택하기	뜨겁고 차가운 메뉴별 그릇을 선택하는 능력			
면류 제공하기	양념장을 얹거나 따로 제공하는 능력			
	고명을 보기 좋게 얹는 능력			
	국물의 양을 조절하여 담는 능력			

서술형 시험

학습내용	평가 항목	성취수준		
		상	중	하
면류 재료 준비 및 전처리	메뉴에 따른 재료 준비 방법			
	밀가루의 종류 및 선택하는 방법			
	재료를 손질하여 전처리하는 방법			
면 육수 제조 및 반죽	메뉴와 어울리는 육수를 끓일 때 화력조절의 방법			
	육수를 거르는 방법			
	반죽을 만드는 방법			
	반죽을 숙성하여 사용하는 방법			
면 및 만두 조리	계절에 따른 만두와 국수의 종류			
	지역별 메뉴 설명			
면 양념장 및 고명 제조	메뉴에 따른 양념장 설명			
	주로 사용되는 고명 설명			
그릇 선택하기	메뉴별 그릇을 선택하는 방법			
면류 제공하기	양념장을 곁들여 내는 방법			
	고명을 얹어내는 방법			

작업장 평가

학습내용	평가 항목	성취수준		
		상	중	하
면류 재료 준비 및 전처리	재료를 계량하여 준비하는 능력			
	전처리하여 준비하는 능력			
	크기를 조절하여 칼질하는 능력			
면 육수 제조 및 반죽	화력을 조절하는 능력			
	사용 목적에 따라 육수를 보관 숙성하는 능력			
	용도에 맞게 면이나 만두피가 되도록 반죽하는 능력			
면 및 만두 조리	만두를 찌거나 삶는 능력			
	면을 끓여 익히는 능력			
면 양념장 및 고명 제조	양념장을 비율에 맞게 만드는 능력			
	주재료와 어울리는 고명 만드는 능력			
그릇 선택하기	그릇을 음식에 맞게 준비하는 능력			
면류 제공하기	차게 또는 뜨겁게 완성하는 능력			
	고명을 어울리게 얹어 제공하는 능력			
	국물의 양을 적당하게 담아내는 능력			
	양념장을 곁들이거나 담아내는 능력			

학습자 완성품 사진

잣국수

재료

- 잣 1/2컵
- 소면 100g
- 물 또는 육수 1½컵
- 실고추 약간
- 오이 30g
- 홍피망 1/5개
- 소금 1/3작은술

만드는 법

재료 확인하기

1 잣, 소면, 실고추, 오이, 홍피망 등의 품질 확인하기

사용할 도구 선택하기

2 냄비, 프라이팬, 나무젓가락 등을 선택하여 준비한다.

재료 계량하기

3 각각의 재료 분량을 컵과 계량스푼, 저울로 계량하기

재료 준비하기

4 잣은 고깔을 뗀다. 면포에 문질러 닦는다.
5 오이, 홍피망은 0.3cm×0.3cm×5cm로 채를 썬다.
6 실고추는 2cm 길이로 자른다.

조리하기

7 잣, 물, 소금을 블렌더에 곱게 갈아 고운체에 거른다.
8 냄비에 물을 넉넉히 부어 끓으면 소면을 삶아 찬물에 헹구어 1인 사리를 만든다.

담아 완성하기

9 잣국수의 그릇을 선택한다.
10 그릇에 삶은 소면을 담고, 오이, 홍피망, 실고추 고명을 얹고, 육수를 살살 붓는다.

평가자 체크리스트

학습내용	평가 항목	성취수준		
		상	중	하
면류 재료 준비 및 전처리	면 조리 종류에 따른 재료 준비 방법			
	재료에 따른 계량도구 선택 및 방법			
	재료의 전처리 능력			
면 육수 제조 및 반죽	육수를 끓이는 불 조절 능력			
	육수에 따라 맑게 또는 진하게 만드는 능력			
	반죽을 용도에 따라 만드는 능력			
면 및 만두 조리	불의 세기를 조절하여 익히는 능력			
	면 및 만두에 따라 육수의 양을 조절하는 능력			
면 양념장 및 고명 제조	양념장을 만드는 능력			
	고명을 만드는 능력			
그릇 선택하기	뜨겁고 차가운 메뉴별 그릇을 선택하는 능력			
면류 제공하기	양념장을 얹거나 따로 제공하는 능력			
	고명을 보기 좋게 얹는 능력			
	국물의 양을 조절하여 담는 능력			

서술형 시험

학습내용	평가 항목	성취수준		
		상	중	하
면류 재료 준비 및 전처리	메뉴에 따른 재료 준비 방법			
	밀가루의 종류 및 선택하는 방법			
	재료를 손질하여 전처리하는 방법			
면 육수 제조 및 반죽	메뉴와 어울리는 육수를 끓일 때 화력조절의 방법			
	육수를 거르는 방법			
	반죽을 만드는 방법			
	반죽을 숙성하여 사용하는 방법			
면 및 만두 조리	계절에 따른 만두와 국수의 종류			
	지역별 메뉴 설명			
면 양념장 및 고명 제조	메뉴에 따른 양념장 설명			
	주로 사용되는 고명 설명			
그릇 선택하기	메뉴별 그릇을 선택하는 방법			
면류 제공하기	양념장을 곁들여 내는 방법			
	고명을 얹어내는 방법			

작업장 평가

학습내용	평가 항목	성취수준		
		상	중	하
면류 재료 준비 및 전처리	재료를 계량하여 준비하는 능력			
	전처리하여 준비하는 능력			
	크기를 조절하여 칼질하는 능력			
면 육수 제조 및 반죽	화력을 조절하는 능력			
	사용 목적에 따라 육수를 보관 숙성하는 능력			
	용도에 맞게 면이나 만두피가 되도록 반죽하는 능력			
면 및 만두 조리	만두를 찌거나 삶는 능력			
	면을 끓여 익히는 능력			
면 양념장 및 고명 제조	양념장을 비율에 맞게 만드는 능력			
	주재료와 어울리는 고명 만드는 능력			
그릇 선택하기	그릇을 음식에 맞게 준비하는 능력			
면류 제공하기	차게 또는 뜨겁게 완성하는 능력			
	고명을 어울리게 얹어 제공하는 능력			
	국물의 양을 적당하게 담아내는 능력			
	양념장을 곁들이거나 담아내는 능력			

학습자 완성품 사진

회국수

재료

- 썬 홍어 또는 가오리 100g
- 식초 4큰술 · 막걸리 1/2컵
- 오이 50g · 무 40g
- 미나리 20g · 배 40g
- 달걀 1개 · 소면 100g

무양념
- 소금 1/3작은술
- 설탕 1/2작은술
- 식초 1작은술

국수양념
- 간장 1/2작은술
- 참기름 1작은술
- 설탕 1/3작은술

회양념
- 고운 고춧가루 1큰술
- 고추장 2작은술
- 다진 대파 2작은술
- 다진 마늘 1작은술
- 다진 생강 1/3작은술
- 간장 1큰술 · 설탕 1큰술
- 참기름 2작은술 · 식초 1큰술
- 깨소금 2작은술

만드는 법

재료 확인하기
1 홍어 또는 가오리, 식초, 막걸리, 오이, 무, 배 등의 품질 확인하기

사용할 도구 선택하기
2 냄비, 프라이팬, 나무젓가락 등을 선택하여 준비한다.

재료 계량하기
3 각각의 재료 분량을 컵과 계량스푼, 저울로 계량하기

재료 준비하기
4 홍어는 식초에 1시간을 담갔다가 꼭 짜서 막걸리에 헹구어 꼭 짠다.
5 오이는 반으로 갈라 6cm 길이로 썰고 소금에 절여 꼭 짠다.
6 무는 오이 크기로 얇게 썰어 소금에 절인 다음 식초와 설탕으로 무친다.
7 배는 5cm×1cm×0.3cm 크기로 썬다.
8 미나리는 잎을 제거하고 5cm 길이로 썬다.

조리하기
9 달걀은 삶아 반으로 가른다.
10 냄비에 물을 넉넉히 부어 끓으면 소면을 삶아 찬물에 헹군다. 사리에 간장, 참기름, 설탕을 넣어 버무린다. 1인분 사리를 만든다.
11 분량의 재료를 혼합하여 회양념을 만들고 홍어를 먼저 양념한 다음 무, 오이, 미나리를 함께 버무린다.

담아 완성하기
12 회국수의 그릇을 선택한다.
13 그릇에 소면을 담고, 양념된 홍어회, 오이, 무, 미나리와 달걀 고명을 얹는다.
※ 삶은 소면에 간장, 참기름, 설탕을 넣어 1차 버무리고 양념에 버무린 홍어와 여분의 양념으로 채소와 2차로 버무려서 담기도 한다.

학습 평가

| 평가자 체크리스트

학습내용	평가 항목	성취수준		
		상	중	하
면류 재료 준비 및 전처리	면 조리 종류에 따른 재료 준비 방법			
	재료에 따른 계량도구 선택 및 방법			
	재료의 전처리 능력			
면 육수 제조 및 반죽	육수를 끓이는 불 조절 능력			
	육수에 따라 맑게 또는 진하게 만드는 능력			
	반죽을 용도에 따라 만드는 능력			
면 및 만두 조리	불의 세기를 조절하여 익히는 능력			
	면 및 만두에 따라 육수의 양을 조절하는 능력			
면 양념장 및 고명 제조	양념장을 만드는 능력			
	고명을 만드는 능력			
그릇 선택하기	뜨겁고 차가운 메뉴별 그릇을 선택하는 능력			
면류 제공하기	양념장을 얹거나 따로 제공하는 능력			
	고명을 보기 좋게 얹는 능력			
	국물의 양을 조절하여 담는 능력			

| 서술형 시험

학습내용	평가 항목	성취수준		
		상	중	하
면류 재료 준비 및 전처리	메뉴에 따른 재료 준비 방법			
	밀가루의 종류 및 선택하는 방법			
	재료를 손질하여 전처리하는 방법			
면 육수 제조 및 반죽	메뉴와 어울리는 육수를 끓일 때 화력조절의 방법			
	육수를 거르는 방법			
	반죽을 만드는 방법			
	반죽을 숙성하여 사용하는 방법			
면 및 만두 조리	계절에 따른 만두와 국수의 종류			
	지역별 메뉴 설명			
면 양념장 및 고명 제조	메뉴에 따른 양념장 설명			
	주로 사용되는 고명 설명			
그릇 선택하기	메뉴별 그릇을 선택하는 방법			
면류 제공하기	양념장을 곁들여 내는 방법			
	고명을 얹어내는 방법			

작업장 평가

학습내용	평가 항목	성취수준		
		상	중	하
면류 재료 준비 및 전처리	재료를 계량하여 준비하는 능력			
	전처리하여 준비하는 능력			
	크기를 조절하여 칼질하는 능력			
면 육수 제조 및 반죽	화력을 조절하는 능력			
	사용 목적에 따라 육수를 보관 숙성하는 능력			
	용도에 맞게 면이나 만두피가 되도록 반죽하는 능력			
면 및 만두 조리	만두를 찌거나 삶는 능력			
	면을 끓여 익히는 능력			
면 양념장 및 고명 제조	양념장을 비율에 맞게 만드는 능력			
	주재료와 어울리는 고명 만드는 능력			
그릇 선택하기	그릇을 음식에 맞게 준비하는 능력			
면류 제공하기	차게 또는 뜨겁게 완성하는 능력			
	고명을 어울리게 얹어 제공하는 능력			
	국물의 양을 적당하게 담아내는 능력			
	양념장을 곁들이거나 담아내는 능력			

학습자 완성품 사진

열무김치막국수

재료

- 마른 막국수 100g
- 오이 30g
- 열무김치 70g
- 배 40g
- 겨자즙 1작은술

고명양념

- 다진 대파 1/2작은술
- 다진 마늘 1/4작은술
- 고춧가루 1작은술
- 깨소금 1작은술
- 소금 1/3작은술

냉면국물

- 소고기 양지머리 50g
- 물 4컵
- 대파 30g
- 양파 20g
- 마늘 1개
- 생강 5g
- 고추 10g
- 후춧가루 1/5작은술
- 소금 1/4작은술
- 식초 1작은술
- 설탕 1작은술
- 열무김칫국 1컵

만드는 법

재료 확인하기

1 오이, 열무김치, 배, 양지머리 등의 품질 확인하기

사용할 도구 선택하기

2 냄비, 프라이팬, 나무젓가락 등을 선택하여 준비한다.

재료 계량하기

3 각각의 재료 분량을 컵과 계량스푼, 저울로 계량하기

재료 준비하기

4 오이는 반으로 갈라 얇게 어슷썰기를 하여 소금에 살짝 절인다.
5 배는 껍질을 벗겨 4cm×2cm×0.3cm로 썬다.
6 양지는 찬물에 담가 핏물을 제거한다.
7 김칫국을 고운체에 거른다.

조리하기

8 냄비에 양지머리, 대파, 양파, 마늘, 통생강, 고추를 넣어 푹 끓인다. 고기는 건져서 4cm×2cm×0.3cm로 썰고, 국물은 고운체에 걸러 식힌다. 기름을 걷어내고 맑은 국물을 만들어 김칫국, 식초, 설탕, 소금으로 간을 한다.
9 오이가 절여지면 물기를 짜고 고명양념으로 버무린다.
10 냄비에 물을 넉넉히 부어 끓으면 막국수를 삶아 찬물에 헹구어 1인분 사리를 만든다.

담아 완성하기

11 열무김치냉면의 그릇을 선택한다.
12 그릇에 삶은 막국수를 담고, 오이, 열무김치, 배, 삶은 고기를 고명으로 얹는다. 겨자즙을 곁들인다.

학습
평가

평가자 체크리스트

학습내용	평가 항목	성취수준		
		상	중	하
면류 재료 준비 및 전처리	면 조리 종류에 따른 재료 준비 방법			
	재료에 따른 계량도구 선택 및 방법			
	재료의 전처리 능력			
면 육수 제조 및 반죽	육수를 끓이는 불 조절 능력			
	육수에 따라 맑게 또는 진하게 만드는 능력			
	반죽을 용도에 따라 만드는 능력			
면 및 만두 조리	불의 세기를 조절하여 익히는 능력			
	면 및 만두에 따라 육수의 양을 조절하는 능력			
면 양념장 및 고명 제조	양념장을 만드는 능력			
	고명을 만드는 능력			
그릇 선택하기	뜨겁고 차가운 메뉴별 그릇을 선택하는 능력			
면류 제공하기	양념장을 얹거나 따로 제공하는 능력			
	고명을 보기 좋게 얹는 능력			
	국물의 양을 조절하여 담는 능력			

서술형 시험

학습내용	평가 항목	성취수준		
		상	중	하
면류 재료 준비 및 전처리	메뉴에 따른 재료 준비 방법			
	밀가루의 종류 및 선택하는 방법			
	재료를 손질하여 전처리하는 방법			
면 육수 제조 및 반죽	메뉴와 어울리는 육수를 끓일 때 화력조절의 방법			
	육수를 거르는 방법			
	반죽을 만드는 방법			
	반죽을 숙성하여 사용하는 방법			
면 및 만두 조리	계절에 따른 만두와 국수의 종류			
	지역별 메뉴 설명			
면 양념장 및 고명 제조	메뉴에 따른 양념장 설명			
	주로 사용되는 고명 설명			
그릇 선택하기	메뉴별 그릇을 선택하는 방법			
면류 제공하기	양념장을 곁들여 내는 방법			
	고명을 얹어내는 방법			

작업장 평가

학습내용	평가 항목	성취수준		
		상	중	하
면류 재료 준비 및 전처리	재료를 계량하여 준비하는 능력			
	전처리하여 준비하는 능력			
	크기를 조절하여 칼질하는 능력			
면 육수 제조 및 반죽	화력을 조절하는 능력			
	사용 목적에 따라 육수를 보관 숙성하는 능력			
	용도에 맞게 면이나 만두피가 되도록 반죽하는 능력			
면 및 만두 조리	만두를 찌거나 삶는 능력			
	면을 끓여 익히는 능력			
면 양념장 및 고명 제조	양념장을 비율에 맞게 만드는 능력			
	주재료와 어울리는 고명 만드는 능력			
그릇 선택하기	그릇을 음식에 맞게 준비하는 능력			
면류 제공하기	차게 또는 뜨겁게 완성하는 능력			
	고명을 어울리게 얹어 제공하는 능력			
	국물의 양을 적당하게 담아내는 능력			
	양념장을 곁들이거나 담아내는 능력			

학습자 완성품 사진

비빔냉면

재료

- 마른 냉면 200g
- 소고기 양지 100g
- 마늘 3g · 대파 10g
- 통후추 5알 · 무 70g
- 오이 50g · 배 50g
- 삶은 달걀 1개

양념장

- 양파 30g · 배 80g
- 붉은 고추 1개
- 마늘 10g · 생강 3g
- 고운 고춧가루 1큰술
- 굵은 고춧가루 1큰술
- 고추장 2큰술 · 발효겨자 1/2작은술
- 레몬즙 2큰술 · 식초 3큰술
- 소금 1/2큰술 · 설탕 2큰술
- 물엿 2큰술 · 간장 1큰술
- 참기름 1큰술

무양념

- 고운 고춧가루 1/3작은술
- 다진 마늘 1/3작은술
- 생강즙 1/4작은술

단촛물

- 소금 1/2작은술 · 설탕 2큰술
- 식초 2큰술 · 물 1컵

만드는 법

재료 확인하기
1 냉면, 마늘, 대파, 무, 오이, 배, 양지머리 등의 품질 확인하기

사용할 도구 선택하기
2 냄비, 프라이팬, 나무젓가락 등을 선택하여 준비한다.

재료 계량하기
3 각각의 재료 분량을 컵과 계량스푼, 저울로 계량하기

재료 준비하기
4 소고기 양지는 찬물에 담가 핏물을 제거한다.
5 무, 배는 1.5cm×0.3cm×5cm 크기로 썬다.
6 오이는 반으로 갈라 어슷하게 썬다.
7 달걀은 껍질을 벗겨 반으로 썬다.

조리하기
8 냄비에 양지머리, 대파, 마늘, 통후추를 넣어 푹 끓인다. 고기는 건져서 5cm×1.5cm×0.3cm로 썰고, 국물은 고운체에 걸러 식힌다. 기름을 걷어내고 맑은 국물을 만든다.
9 냄비에 물을 넉넉히 부어 끓으면 냉면을 삶아 찬물에 헹구어 1인분 사리를 만든다.
10 썬 무는 단촛물에 담갔다가 물기를 꼭 짠다. 고춧가루로 물을 들이고 마늘, 생강즙을 넣어 양념을 한다.
11 오이는 단촛물에 담갔다가 물기를 꼭 짠다.
12 블렌더에 양파, 배, 붉은 고추, 마늘, 생강을 곱게 갈고, 고춧가루, 고추장, 겨자, 레몬즙, 식초, 소금, 설탕, 간장, 참기름을 섞어 양념장을 만든다.

담아 완성하기
13 비빔냉면의 그릇을 선택한다.
14 그릇에 삶은 냉면을 담고 편육, 무, 오이, 달걀을 고명으로 얹는다. 양념장을 곁들여낸다.

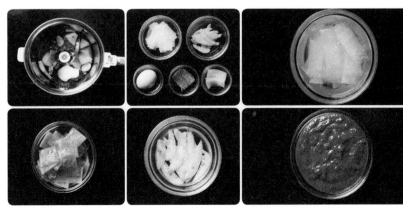

학습
평가

평가자 체크리스트

학습내용	평가 항목	성취수준		
		상	중	하
면류 재료 준비 및 전처리	면 조리 종류에 따른 재료 준비 방법			
	재료에 따른 계량도구 선택 및 방법			
	재료의 전처리 능력			
면 육수 제조 및 반죽	육수를 끓이는 불 조절 능력			
	육수에 따라 맑게 또는 진하게 만드는 능력			
	반죽을 용도에 따라 만드는 능력			
면 및 만두 조리	불의 세기를 조절하여 익히는 능력			
	면 및 만두에 따라 육수의 양을 조절하는 능력			
면 양념장 및 고명 제조	양념장을 만드는 능력			
	고명을 만드는 능력			
그릇 선택하기	뜨겁고 차가운 메뉴별 그릇을 선택하는 능력			
면류 제공하기	양념장을 얹거나 따로 제공하는 능력			
	고명을 보기 좋게 얹는 능력			
	국물의 양을 조절하여 담는 능력			

서술형 시험

학습내용	평가 항목	성취수준		
		상	중	하
면류 재료 준비 및 전처리	메뉴에 따른 재료 준비 방법			
	밀가루의 종류 및 선택하는 방법			
	재료를 손질하여 전처리하는 방법			
면 육수 제조 및 반죽	메뉴와 어울리는 육수를 끓일 때 화력조절의 방법			
	육수를 거르는 방법			
	반죽을 만드는 방법			
	반죽을 숙성하여 사용하는 방법			
면 및 만두 조리	계절에 따른 만두와 국수의 종류			
	지역별 메뉴 설명			
면 양념장 및 고명 제조	메뉴에 따른 양념장 설명			
	주로 사용되는 고명 설명			
그릇 선택하기	메뉴별 그릇을 선택하는 방법			
면류 제공하기	양념장을 곁들여 내는 방법			
	고명을 얹어내는 방법			

작업장 평가

학습내용	평가 항목	성취수준		
		상	중	하
면류 재료 준비 및 전처리	재료를 계량하여 준비하는 능력			
	전처리하여 준비하는 능력			
	크기를 조절하여 칼질하는 능력			
면 육수 제조 및 반죽	화력을 조절하는 능력			
	사용 목적에 따라 육수를 보관 숙성하는 능력			
	용도에 맞게 면이나 만두피가 되도록 반죽하는 능력			
면 및 만두 조리	만두를 찌거나 삶는 능력			
	면을 끓여 익히는 능력			
면 양념장 및 고명 제조	양념장을 비율에 맞게 만드는 능력			
	주재료와 어울리는 고명 만드는 능력			
그릇 선택하기	그릇을 음식에 맞게 준비하는 능력			
면류 제공하기	차게 또는 뜨겁게 완성하는 능력			
	고명을 어울리게 얹어 제공하는 능력			
	국물의 양을 적당하게 담아내는 능력			
	양념장을 곁들이거나 담아내는 능력			

학습자 완성품 사진

물냉면

재료

- 소고기 양지머리 200g
- 물 10컵
- 대파 100g
- 마늘 10g
- 통후추 10알
- 동치미무 100g
- 오이 100g
- 소금 1/4작은술
- 식용유 1작은술
- 배 50g
- 삶은 달걀 2개
- 붉은 고추 1/2개
- 마른 냉면 200g

육수

- 동치미 국물 3컵
- 육수 3컵
- 소금 1큰술
- 식초 1큰술
- 설탕 1큰술
- 겨자 적당량
- 식초 적당량
- 설탕 적당량

만드는 법

재료 확인하기

1 냉면, 마늘, 대파, 오이, 배, 양지머리, 동치미무 등의 품질 확인하기

사용할 도구 선택하기

2 냄비, 프라이팬, 나무젓가락 등을 선택하여 준비한다.

재료 계량하기

3 각각의 재료 분량을 컵과 계량스푼, 저울로 계량하기

재료 준비하기

4 소고기 양지는 찬물에 담가 핏물을 제거한다.
5 동치미무는 5cm×1.5cm×0.3cm 크기로 썬다.
6 배는 껍질을 벗기고 5cm×1.5cm×0.3cm 크기로 썬다.
7 오이는 반으로 갈라 어슷하게 썬다.
8 달걀은 껍질을 벗겨 반으로 썬다.
9 붉은 고추는 둥글고 얇게 썰어 씨를 뺀다.

조리하기

10 냄비에 양지머리, 대파, 마늘, 통후추를 넣어 푹 끓인다. 고기는 건져서 5cm×1.5cm×0.3cm로 썰고, 국물은 고운체에 걸러 식힌다. 기름을 걷어내고 맑은 국물을 만든다. 소금, 식초, 설탕으로 간을 맞춘다.
11 냄비에 물을 넉넉히 부어 끓으면 냉면을 삶아 찬물에 헹구어 1인분 사리를 만든다.
12 썬 오이는 소금에 절였다가 물기를 짜서 기름에 살짝 볶는다.

담아 완성하기

13 냉면의 그릇을 선택한다.
14 그릇에 삶은 냉면사리를 담고 편육, 동치미무, 오이, 배, 달걀을 고명으로 얹는다. 냉면육수를 살며시 붓는다. 겨자, 설탕, 식초는 따로 준비하여 곁들인다.

학습
평가

평가자 체크리스트

학습내용	평가 항목	성취수준		
		상	중	하
면류 재료 준비 및 전처리	면 조리 종류에 따른 재료 준비 방법			
	재료에 따른 계량도구 선택 및 방법			
	재료의 전처리 능력			
면 육수 제조 및 반죽	육수를 끓이는 불 조절 능력			
	육수에 따라 맑게 또는 진하게 만드는 능력			
	반죽을 용도에 따라 만드는 능력			
면 및 만두 조리	불의 세기를 조절하여 익히는 능력			
	면 및 만두에 따라 육수의 양을 조절하는 능력			
면 양념장 및 고명 제조	양념장을 만드는 능력			
	고명을 만드는 능력			
그릇 선택하기	뜨겁고 차가운 메뉴별 그릇을 선택하는 능력			
면류 제공하기	양념장을 얹거나 따로 제공하는 능력			
	고명을 보기 좋게 얹는 능력			
	국물의 양을 조절하여 담는 능력			

서술형 시험

학습내용	평가 항목	성취수준		
		상	중	하
면류 재료 준비 및 전처리	메뉴에 따른 재료 준비 방법			
	밀가루의 종류 및 선택하는 방법			
	재료를 손질하여 전처리하는 방법			
면 육수 제조 및 반죽	메뉴와 어울리는 육수를 끓일 때 화력조절의 방법			
	육수를 거르는 방법			
	반죽을 만드는 방법			
	반죽을 숙성하여 사용하는 방법			
면 및 만두 조리	계절에 따른 만두와 국수의 종류			
	지역별 메뉴 설명			
면 양념장 및 고명 제조	메뉴에 따른 양념장 설명			
	주로 사용되는 고명 설명			
그릇 선택하기	메뉴별 그릇을 선택하는 방법			
면류 제공하기	양념장을 곁들여 내는 방법			
	고명을 얹어내는 방법			

작업장 평가

학습내용	평가 항목	성취수준		
		상	중	하
면류 재료 준비 및 전처리	재료를 계량하여 준비하는 능력			
	전처리하여 준비하는 능력			
	크기를 조절하여 칼질하는 능력			
면 육수 제조 및 반죽	화력을 조절하는 능력			
	사용 목적에 따라 육수를 보관 숙성하는 능력			
	용도에 맞게 면이나 만두피가 되도록 반죽하는 능력			
면 및 만두 조리	만두를 찌거나 삶는 능력			
	면을 끓여 익히는 능력			
면 양념장 및 고명 제조	양념장을 비율에 맞게 만드는 능력			
	주재료와 어울리는 고명 만드는 능력			
그릇 선택하기	그릇을 음식에 맞게 준비하는 능력			
면류 제공하기	차게 또는 뜨겁게 완성하는 능력			
	고명을 어울리게 얹어 제공하는 능력			
	국물의 양을 적당하게 담아내는 능력			
	양념장을 곁들이거나 담아내는 능력			

학습자 완성품 사진

회냉면

재료

- 썬 홍어 또는 가오리 100g
- 식초 4큰술 · 막걸리 1/2컵
- 오이 50g · 무 40g
- 미나리 20g · 배 40g
- 달걀 1개 · 마른 냉면국수 100g

무양념

- 소금 1/3작은술 · 설탕 1/2작은술
- 식초 1작은술

국수양념

- 간장 1/2작은술 · 참기름 1작은술
- 설탕 1/3작은술

회양념

- 고운 고춧가루 1큰술 · 간장 1큰술
- 고추장 2작은술
- 다진 대파 2작은술
- 다진 마늘 1작은술
- 다진 생강 1/3작은술
- 설탕 1큰술 · 참기름 2작은술
- 깨소금 2작은술 · 식초 1큰술

만드는 법

재료 확인하기

1 홍어 또는 가오리, 식초, 막걸리 오이, 무, 배 등의 품질 확인하기

사용할 도구 선택하기

2 냄비, 프라이팬, 나무젓가락 등을 선택하여 준비한다.

재료 계량하기

3 각각의 재료 분량을 컵과 계량스푼, 저울로 계량하기

재료 준비하기

4 홍어는 식초에 1시간을 담그고 꼭 짜서 막걸리에 헹구어 꼭 짠다.
5 오이는 반으로 갈라 6cm 길이로 썬다.
6 무는 오이 크기로 얇게 썬다.
7 배는 5cm×1cm×0.3cm 크기로 썬다.
8 미나리는 잎을 제거하고 5cm로 썬다.

조리하기

9 달걀은 삶아 반으로 가른다.
10 썬 오이와 무는 소금, 식초, 설탕에 담가 맛이 들면 물기를 꼭 짠다.
11 냄비에 물을 넉넉히 부어 끓으면 마른 냉면국수를 삶아 찬물에 헹구어 사리에 간장, 참기름, 설탕을 넣어 버무린다. 1인분 사리를 만든다.
12 분량의 재료를 혼합하여 회양념을 만들어 홍어를 먼저 양념하고, 무, 오이, 미나리를 버무린다.

담아 완성하기

13 회냉면의 그릇을 선택한다.
14 그릇에 면을 담고, 양념된 홍어회, 오이, 무, 미나리와 달걀 고명을 얹는다.

학습
평가

평가자 체크리스트

학습내용	평가 항목	성취수준		
		상	중	하
면류 재료 준비 및 전처리	면 조리 종류에 따른 재료 준비 방법			
	재료에 따른 계량도구 선택 및 방법			
	재료의 전처리 능력			
면 육수 제조 및 반죽	육수를 끓이는 불 조절 능력			
	육수에 따라 맑게 또는 진하게 만드는 능력			
	반죽을 용도에 따라 만드는 능력			
면 및 만두 조리	불의 세기를 조절하여 익히는 능력			
	면 및 만두에 따라 육수의 양을 조절하는 능력			
면 양념장 및 고명 제조	양념장을 만드는 능력			
	고명을 만드는 능력			
그릇 선택하기	뜨겁고 차가운 메뉴별 그릇을 선택하는 능력			
면류 제공하기	양념장을 얹거나 따로 제공하는 능력			
	고명을 보기 좋게 얹는 능력			
	국물의 양을 조절하여 담는 능력			

서술형 시험

학습내용	평가 항목	성취수준		
		상	중	하
면류 재료 준비 및 전처리	메뉴에 따른 재료 준비 방법			
	밀가루의 종류 및 선택하는 방법			
	재료를 손질하여 전처리하는 방법			
면 육수 제조 및 반죽	메뉴와 어울리는 육수를 끓일 때 화력조절의 방법			
	육수를 거르는 방법			
	반죽을 만드는 방법			
	반죽을 숙성하여 사용하는 방법			
면 및 만두 조리	계절에 따른 만두와 국수의 종류			
	지역별 메뉴 설명			
면 양념장 및 고명 제조	메뉴에 따른 양념장 설명			
	주로 사용되는 고명 설명			
그릇 선택하기	메뉴별 그릇을 선택하는 방법			
면류 제공하기	양념장을 곁들여 내는 방법			
	고명을 얹어내는 방법			

작업장 평가

학습내용	평가 항목	성취수준		
		상	중	하
면류 재료 준비 및 전처리	재료를 계량하여 준비하는 능력			
	전처리하여 준비하는 능력			
	크기를 조절하여 칼질하는 능력			
면 육수 제조 및 반죽	화력을 조절하는 능력			
	사용 목적에 따라 육수를 보관 숙성하는 능력			
	용도에 맞게 면이나 만두피가 되도록 반죽하는 능력			
면 및 만두 조리	만두를 찌거나 삶는 능력			
	면을 끓여 익히는 능력			
면 양념장 및 고명 제조	양념장을 비율에 맞게 만드는 능력			
	주재료와 어울리는 고명 만드는 능력			
그릇 선택하기	그릇을 음식에 맞게 준비하는 능력			
면류 제공하기	차게 또는 뜨겁게 완성하는 능력			
	고명을 어울리게 얹어 제공하는 능력			
	국물의 양을 적당하게 담아내는 능력			
	양념장을 곁들이거나 담아내는 능력			

학습자 완성품 사진

팥칼국수

재료

- 붉은팥 2½컵
- 물 20컵
- 소금약간

국수
- 소금 1½큰술
- 밀가루 2½컵
- 물 7~8큰술

만드는 법

재료 확인하기
1 붉은팥, 밀가루 등의 품질 확인하기

사용할 도구 선택하기
2 냄비, 나무젓가락 등을 선택하여 준비한다.

재료 계량하기
3 각각의 재료 분량을 컵과 계량스푼, 저울로 계량하기

재료 준비하기
4 팥은 씻어 일어놓는다.
5 밀가루는 덧가루 4큰술을 남기고 물, 소금을 넣어 반죽하고 밀대로 밀어 칼국수를 만든다.

조리하기
6 냄비에 팥과 물을 넣어 한소끔 끓으면 따라 버리고, 다시 물을 20컵 부어 팥이 뭉개질 정도로 오래 삶는다.
7 삶은 팥은 굵은 체에 내리고 남은 건더기는 주물러 팥앙금을 전부 거른다.
※ 블렌더에 곱게 갈아 체에 걸러도 좋다.
8 팥물을 냄비에 담아 썰어 놓은 칼국수를 넣고 잘 저으면서 끓인다. 소금으로 간을 한다.

담아 완성하기
9 팥칼국수의 그릇을 선택한다.
10 그릇에 팥칼국수를 담는다.

학습 평가

| 평가자 체크리스트

학습내용	평가 항목	성취수준		
		상	중	하
면류 재료 준비 및 전처리	면 조리 종류에 따른 재료 준비 방법			
	재료에 따른 계량도구 선택 및 방법			
	재료의 전처리 능력			
면 육수 제조 및 반죽	육수를 끓이는 불 조절 능력			
	육수에 따라 맑게 또는 진하게 만드는 능력			
	반죽을 용도에 따라 만드는 능력			
면 및 만두 조리	불의 세기를 조절하여 익히는 능력			
	면 및 만두에 따라 육수의 양을 조절하는 능력			
면 양념장 및 고명 제조	양념장을 만드는 능력			
	고명을 만드는 능력			
그릇 선택하기	뜨겁고 차가운 메뉴별 그릇을 선택하는 능력			
면류 제공하기	양념장을 얹거나 따로 제공하는 능력			
	고명을 보기 좋게 얹는 능력			
	국물의 양을 조절하여 담는 능력			

| 서술형 시험

학습내용	평가 항목	성취수준		
		상	중	하
면류 재료 준비 및 전처리	메뉴에 따른 재료 준비 방법			
	밀가루의 종류 및 선택하는 방법			
	재료를 손질하여 전처리하는 방법			
면 육수 제조 및 반죽	메뉴와 어울리는 육수를 끓일 때 화력조절의 방법			
	육수를 거르는 방법			
	반죽을 만드는 방법			
	반죽을 숙성하여 사용하는 방법			
면 및 만두 조리	계절에 따른 만두와 국수의 종류			
	지역별 메뉴 설명			
면 양념장 및 고명 제조	메뉴에 따른 양념장 설명			
	주로 사용되는 고명 설명			
그릇 선택하기	메뉴별 그릇을 선택하는 방법			
면류 제공하기	양념장을 곁들여 내는 방법			
	고명을 얹어내는 방법			

작업장 평가

학습내용	평가 항목	성취수준		
		상	중	하
면류 재료 준비 및 전처리	재료를 계량하여 준비하는 능력			
	전처리하여 준비하는 능력			
	크기를 조절하여 칼질하는 능력			
면 육수 제조 및 반죽	화력을 조절하는 능력			
	사용 목적에 따라 육수를 보관 숙성하는 눙력			
	용도에 맞게 면이나 만두피가 되도록 반죽하는 능력			
면 및 만두 조리	만두를 찌거나 삶는 능력			
	면을 끓여 익히는 능력			
면 양념장 및 고명 제조	양념장을 비율에 맞게 만드는 능력			
	주재료와 어울리는 고명 만드는 능력			
그릇 선택하기	그릇을 음식에 맞게 준비하는 능력			
면류 제공하기	차게 또는 뜨겁게 완성하는 능력			
	고명을 어울리게 얹어 제공하는 능력			
	국물의 양을 적당하게 담아내는 능력			
	양념장을 곁들이거나 담아내는 능력			

학습자 완성품 사진

닭칼국수

재료

- 닭 1마리
- 생강 10g
- 대파 100g
- 마늘 30g
- 소금 1작은술
- 후추 1/4작은술

국수

- 소금 ½작은술
- 밀가루 2½컵
- 물 10큰술

만드는 법

재료 확인하기

1 , 밀가루, 대파, 마늘 등의 품질 확인하기

사용할 도구 선택하기

2 냄비, 나무젓가락, 밀대 등을 선택하여 준비한다.

재료 계량하기

3 각각의 재료 분량을 컵과 계량스푼, 저울로 계량하기

재료 준비하기

4 닭은 깨끗하게 씻어둔다.
5 밀가루 덧가루 4큰술을 남기고 물, 소금을 넣어 반죽하고 밀대로 밀어 칼국수를 만든다.
6 대파 50g은 어슷썰기를 하고, 50g은 육수용으로 썬다.
7 마늘 10g은 곱게 다진다.

조리하기

8 냄비에 손질한 닭과 생강, 대파, 마늘을 넣어 푹 삶는다. 육수는 체에 거르고 닭살은 찢어둔다.
9 냄비에 닭육수가 끓으면 찢어놓은 닭살을 넣어 한소끔 끓인다. 만들어 놓은 칼국수를 넣어 익도록 끓이고, 다진 마늘, 소금, 후추로 간을 한다. 맛이 어우러지면 어슷썬 대파를 넣어 한소끔 끓인다.

담아 완성하기

10 닭칼국수의 그릇을 선택한다.
11 그릇에 닭칼국수를 담는다.

학습 평가

| 평가자 체크리스트

학습내용	평가 항목	성취수준		
		상	중	하
면류 재료 준비 및 전처리	면 조리 종류에 따른 재료 준비 방법			
	재료에 따른 계량도구 선택 및 방법			
	재료의 전처리 능력			
면 육수 제조 및 반죽	육수를 끓이는 불 조절 능력			
	육수에 따라 맑게 또는 진하게 만드는 능력			
	반죽을 용도에 따라 만드는 능력			
면 및 만두 조리	불의 세기를 조절하여 익히는 능력			
	면 및 만두에 따라 육수의 양을 조절하는 능력			
면 양념장 및 고명 제조	양념장을 만드는 능력			
	고명을 만드는 능력			
그릇 선택하기	뜨겁고 차가운 메뉴별 그릇을 선택하는 능력			
면류 제공하기	양념장을 얹거나 따로 제공하는 능력			
	고명을 보기 좋게 얹는 능력			
	국물의 양을 조절하여 담는 능력			

| 서술형 시험

학습내용	평가 항목	성취수준		
		상	중	하
면류 재료 준비 및 전처리	메뉴에 따른 재료 준비 방법			
	밀가루의 종류 및 선택하는 방법			
	재료를 손질하여 전처리하는 방법			
면 육수 제조 및 반죽	메뉴와 어울리는 육수를 끓일 때 화력조절의 방법			
	육수를 거르는 방법			
	반죽을 만드는 방법			
	반죽을 숙성하여 사용하는 방법			
면 및 만두 조리	계절에 따른 만두와 국수의 종류			
	지역별 메뉴 설명			
면 양념장 및 고명 제조	메뉴에 따른 양념장 설명			
	주로 사용되는 고명 설명			
그릇 선택하기	메뉴별 그릇을 선택하는 방법			
면류 제공하기	양념장을 곁들여 내는 방법			
	고명을 얹어내는 방법			

작업장 평가

학습내용	평가 항목	성취수준		
		상	중	하
면류 재료 준비 및 전처리	재료를 계량하여 준비하는 능력			
	전처리하여 준비하는 능력			
	크기를 조절하여 칼질하는 능력			
면 육수 제조 및 반죽	화력을 조절하는 능력			
	사용 목적에 따라 육수를 보관 숙성하는 능력			
	용도에 맞게 면이나 만두피가 되도록 반죽하는 능력			
면 및 만두 조리	만두를 찌거나 삶는 능력			
	면을 끓여 익히는 능력			
면 양념장 및 고명 제조	양념장을 비율에 맞게 만드는 능력			
	주재료와 어울리는 고명 만드는 능력			
그릇 선택하기	그릇을 음식에 맞게 준비하는 능력			
면류 제공하기	차게 또는 뜨겁게 완성하는 능력			
	고명을 어울리게 얹어 제공하는 능력			
	국물의 양을 적당하게 담아내는 능력			
	양념장을 곁들이거나 담아내는 능력			

학습자 완성품 사진

바지락칼국수

재료

- 바지락 150g
- 새우살 50g
- 애호박 30g
- 부추 30g
- 숙주 30g
- 물 3컵
- 국간장 1/2작은술
- 소금 적당량

국수

- 소금 1/5작은술
- 밀가루 1컵
- 물 3~4큰술
- 식용유 약간

만드는 법

재료 확인하기

1 바지락, 새우살, 애호박, 부추, 숙주, 밀가루, 대파 등의 품질 확인하기

사용할 도구 선택하기

2 냄비, 나무젓가락, 밀대 등을 선택하여 준비한다.

재료 계량하기

3 각각의 재료 분량을 컵과 계량스푼, 저울로 계량하기

재료 준비하기

4 바지락은 깨끗하게 씻어 소금물에 담가 해감을 한다.
5 새우살은 흐르는 물에 씻어둔다.
6 애호박은 5cm×0.3cm×0.3cm로 썬다.
7 부추는 손질하여 5cm 길이로 썬다.
8 숙주는 깨끗하게 씻어 손질한다.
9 밀가루는 덧가루 3큰술을 남기고, 물, 소금, 식용유를 넣어 반죽한
  뒤 밀대로 밀어 칼국수를 만든다.

조리하기

10 냄비에 물 4컵과 바지락을 넣어 끓으면 바지락을 건지고 면포에 육
   수를 거른다.
11 맑은 바지락 육수를 냄비에 담고 칼국수를 넣어 익힌다.
12 칼국수가 익어가면, 새우살, 애호박, 숙주, 부추를 넣어 맛이 어우
   러지도록 끓인다.
13 국간장으로 색을 내고, 소금으로 간을 한다.

담아 완성하기

14 바지락칼국수의 그릇을 선택한다.
15 그릇에 바지락칼국수를 담는다.

학습
평가

| 평가자 체크리스트

학습내용	평가 항목	성취수준		
		상	중	하
면류 재료 준비 및 전처리	면 조리 종류에 따른 재료 준비 방법			
	재료에 따른 계량도구 선택 및 방법			
	재료의 전처리 능력			
면 육수 제조 및 반죽	육수를 끓이는 불 조절 능력			
	육수에 따라 맑게 또는 진하게 만드는 능력			
	반죽을 용도에 따라 만드는 능력			
면 및 만두 조리	불의 세기를 조절하여 익히는 능력			
	면 및 만두에 따라 육수의 양을 조절하는 능력			
면 양념장 및 고명 제조	양념장을 만드는 능력			
	고명을 만드는 능력			
그릇 선택하기	뜨겁고 차가운 메뉴별 그릇을 선택하는 능력			
면류 제공하기	양념장을 얹거나 따로 제공하는 능력			
	고명을 보기 좋게 얹는 능력			
	국물의 양을 조절하여 담는 능력			

| 서술형 시험

학습내용	평가 항목	성취수준		
		상	중	하
면류 재료 준비 및 전처리	메뉴에 따른 재료 준비 방법			
	밀가루의 종류 및 선택하는 방법			
	재료를 손질하여 전처리하는 방법			
면 육수 제조 및 반죽	메뉴와 어울리는 육수를 끓일 때 화력조절의 방법			
	육수를 거르는 방법			
	반죽을 만드는 방법			
	반죽을 숙성하여 사용하는 방법			
면 및 만두 조리	계절에 따른 만두와 국수의 종류			
	지역별 메뉴 설명			
면 양념장 및 고명 제조	메뉴에 따른 양념장 설명			
	주로 사용되는 고명 설명			
그릇 선택하기	메뉴별 그릇을 선택하는 방법			
면류 제공하기	양념장을 곁들여 내는 방법			
	고명을 얹어내는 방법			

작업장 평가

학습내용	평가 항목	성취수준		
		상	중	하
면류 재료 준비 및 전처리	재료를 계량하여 준비하는 능력			
	전처리하여 준비하는 능력			
	크기를 조절하여 칼질하는 능력			
면 육수 제조 및 반죽	화력을 조절하는 능력			
	사용 목적에 따라 육수를 보관 숙성하는 능력			
	용도에 맞게 면이나 만두피가 되도록 반죽하는 능력			
면 및 만두 조리	만두를 찌거나 삶는 능력			
	면을 끓여 익히는 능력			
면 양념장 및 고명 제조	양념장을 비율에 맞게 만드는 능력			
	주재료와 어울리는 고명 만드는 능력			
그릇 선택하기	그릇을 음식에 맞게 준비하는 능력			
면류 제공하기	차게 또는 뜨겁게 완성하는 능력			
	고명을 어울리게 얹어 제공하는 능력			
	국물의 양을 적당하게 담아내는 능력			
	양념장을 곁들이거나 담아내는 능력			

학습자 완성품 사진

수제비

재료

- 밀가루 2컵 · 물 6큰술
- 감자 2개(220g) · 다시마 10g
- 국물용 마른 멸치 30g
- 물 7컵 · 대파 50g
- 마늘 10g · 생강 5g
- 국간장 1작은술
- 소금 1작은술
- 후춧가루 1/6작은술

만드는 법

재료 확인하기
1 감자, 다시마, 멸치, 밀가루, 대파 등의 품질 확인하기

사용할 도구 선택하기
2 냄비, 나무젓가락 등을 선택하여 준비한다.

재료 계량하기
3 각각의 재료 분량을 컵과 계량스푼, 저울로 계량하기

재료 준비하기
4 밀가루, 물, 소금을 혼합하여 반죽을 한다.
5 감자는 껍질을 벗겨 0.5cm 두께로 썬다.
6 멸치는 아가미와 내장을 제거한다.
7 대파는 30g은 어슷썰기를 하고, 20g은 육수용으로 반을 가른다.
8 마늘 5g은 편으로 썰고, 5g은 곱게 다진다.
9 생강은 편으로 썬다.
10 다시마는 젖은 면포로 닦는다.

조리하기
11 손질한 멸치는 냄비에 노릇노릇하게 볶는다.
12 냄비에 찬물 7컵 넣고 다시마를 넣어 끓어오르면 다시마를 건지고, 볶아놓은 멸치를 넣어 10분간 끓인다. 대파, 마늘, 생강을 넣어 한소끔 더 끓이고 체에 거른다. 국간장, 소금, 후추로 간을 한다.
13 냄비에 육수를 넣어 끓으면 감자를 넣는다. 반죽을 늘여 얇게 잡아당기듯이 뚝뚝 떼어 한입 크기로 넣는다.
14 수제비와 감자가 다 익으면 대파를 넣어 한소끔 더 끓인다.

담아 완성하기
15 수제비의 그릇을 선택한다.
16 그릇에 수제비를 담는다.

| 평가자 체크리스트

학습내용	평가 항목	성취수준		
		상	중	하
면류 재료 준비 및 전처리	면 조리 종류에 따른 재료 준비 방법			
	재료에 따른 계량도구 선택 및 방법			
	재료의 전처리 능력			
면 육수 제조 및 반죽	육수를 끓이는 불 조절 능력			
	육수에 따라 맑게 또는 진하게 만드는 능력			
	반죽을 용도에 따라 만드는 능력			
면 및 만두 조리	불의 세기를 조절하여 익히는 능력			
	면 및 만두에 따라 육수의 양을 조절하는 능력			
면 양념장 및 고명 제조	양념장을 만드는 능력			
	고명을 만드는 능력			
그릇 선택하기	뜨겁고 차가운 메뉴별 그릇을 선택하는 능력			
면류 제공하기	양념장을 얹거나 따로 제공하는 능력			
	고명을 보기 좋게 얹는 능력			
	국물의 양을 조절하여 담는 능력			

| 서술형 시험

학습내용	평가 항목	성취수준		
		상	중	하
면류 재료 준비 및 전처리	메뉴에 따른 재료 준비 방법			
	밀가루의 종류 및 선택하는 방법			
	재료를 손질하여 전처리하는 방법			
면 육수 제조 및 반죽	메뉴와 어울리는 육수를 끓일 때 화력조절의 방법			
	육수를 거르는 방법			
	반죽을 만드는 방법			
	반죽을 숙성하여 사용하는 방법			
면 및 만두 조리	계절에 따른 만두와 국수의 종류			
	지역별 메뉴 설명			
면 양념장 및 고명 제조	메뉴에 따른 양념장 설명			
	주로 사용되는 고명 설명			
그릇 선택하기	메뉴별 그릇을 선택하는 방법			
면류 제공하기	양념장을 곁들여 내는 방법			
	고명을 얹어내는 방법			

작업장 평가

학습내용	평가 항목	성취수준		
		상	중	하
면류 재료 준비 및 전처리	재료를 계량하여 준비하는 능력			
	전처리하여 준비하는 능력			
	크기를 조절하여 칼질하는 능력			
면 육수 제조 및 반죽	화력을 조절하는 능력			
	사용 목적에 따라 육수를 보관 숙성하는 능력			
	용도에 맞게 면이나 만두피가 되도록 반죽하는 능력			
면 및 만두 조리	만두를 찌거나 삶는 능력			
	면을 끓여 익히는 능력			
면 양념장 및 고명 제조	양념장을 비율에 맞게 만드는 능력			
	주재료와 어울리는 고명 만드는 능력			
그릇 선택하기	그릇을 음식에 맞게 준비하는 능력			
면류 제공하기	차게 또는 뜨겁게 완성하는 능력			
	고명을 어울리게 얹어 제공하는 능력			
	국물의 양을 적당하게 담아내는 능력			
	양념장을 곁들이거나 담아내는 능력			

학습자 완성품 사진

굴린만두

재료

- 소고기 양지머리 100g
- 물 8컵
- 대파 100g
- 마늘 10g
- 국간장 1작은술
- 소금 1/5작은술
- 후춧가루 1/8작은술
- 밀가루 4큰술
- 달걀 1개

만두소

- 다진 돼지고기 100g
- 두부 100g
- 숙주 70g
- 배추김치 70g

만두소양념

- 소금 1작은술
- 다진 대파 1큰술
- 다진 마늘 1작은술
- 참기름 2작은술
- 후춧가루 1/5작은술

만드는 법

재료 확인하기
1 밀가루, 소고기, 두부, 숙주, 배추김치, 달걀, 대파 등의 품질 확인하기

사용할 도구 선택하기
2 냄비, 프라이팬, 나무젓가락 등을 선택하여 준비한다.

재료 계량하기
3 각각의 재료 분량을 컵과 계량스푼, 저울로 계량하기

재료 준비하기
4 대파, 마늘은 곱게 다진다.
5 두부는 물기를 제거하고 으깬다.
6 소고기는 찬물에 담가 핏물을 뺀다.
7 숙주는 깨끗하게 씻는다.
8 배추김치는 속을 털어내고 송송 썰어 국물을 짠다.

조리하기
9 냄비에 물 3컵, 소고기, 대파, 마늘을 넣어 육수를 끓인다. 고기는 건져 편으로 썬다. 육수는 면포에 거르고 국간장, 소금으로 간을 한다.
10 숙주는 끓는 소금물에 데쳐서 송송 썰어 물기를 꼭 짠다.
11 다진 돼지고기, 으깬 두부, 손질한 숙주, 송송 썬 배추김치를 한데 모아 다진 대파, 다진 마늘, 참기름, 깨소금, 소금으로 버무려 만두소를 만든다.
12 만두소는 2.5cm~3cm의 둥근 완자로 빚는다. 밀가루를 고루 묻혀 손으로 둥글린다.
13 냄비에 준비된 육수가 끓으면 빚은 만두를 넣어 중불에서 끓인다. 만두가 떠올라 익으면 달걀을 풀어 줄알을 쳐서 익힌다.

담아 완성하기
14 굴린만두의 그릇을 선택한다.
15 그릇에 굴린만두, 국물, 달걀을 담는다.

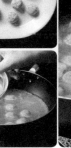

학습 평가

| 평가자 체크리스트

학습내용	평가 항목	성취수준		
		상	중	하
면류 재료 준비 및 전처리	면 조리 종류에 따른 재료 준비 방법			
	재료에 따른 계량도구 선택 및 방법			
	재료의 전처리 능력			
면 육수 제조 및 반죽	육수를 끓이는 불 조절 능력			
	육수에 따라 맑게 또는 진하게 만드는 능력			
	반죽을 용도에 따라 만드는 능력			
면 및 만두 조리	불의 세기를 조절하여 익히는 능력			
	면 및 만두에 따라 육수의 양을 조절하는 능력			
면 양념장 및 고명 제조	양념장을 만드는 능력			
	고명을 만드는 능력			
그릇 선택하기	뜨겁고 차가운 메뉴별 그릇을 선택하는 능력			
면류 제공하기	양념장을 얹거나 따로 제공하는 능력			
	고명을 보기 좋게 얹는 능력			
	국물의 양을 조절하여 담는 능력			

| 서술형 시험

학습내용	평가 항목	성취수준		
		상	중	하
면류 재료 준비 및 전처리	메뉴에 따른 재료 준비 방법			
	밀가루의 종류 및 선택하는 방법			
	재료를 손질하여 전처리하는 방법			
면 육수 제조 및 반죽	메뉴와 어울리는 육수를 끓일 때 화력조절의 방법			
	육수를 거르는 방법			
	반죽을 만드는 방법			
	반죽을 숙성하여 사용하는 방법			
면 및 만두 조리	계절에 따른 만두와 국수의 종류			
	지역별 메뉴 설명			
면 양념장 및 고명 제조	메뉴에 따른 양념장 설명			
	주로 사용되는 고명 설명			
그릇 선택하기	메뉴별 그릇을 선택하는 방법			
면류 제공하기	양념장을 곁들여 내는 방법			
	고명을 얹어내는 방법			

작업장 평가

학습내용	평가 항목	성취수준		
		상	중	하
면류 재료 준비 및 전처리	재료를 계량하여 준비하는 능력			
	전처리하여 준비하는 능력			
	크기를 조절하여 칼질하는 능력			
면 육수 제조 및 반죽	화력을 조절하는 능력			
	사용 목적에 따라 육수를 보관 숙성하는 눙력			
	용도에 맞게 면이나 만두피가 되도록 반죽하는 능력			
면 및 만두 조리	만두를 찌거나 삶는 능력			
	면을 끓여 익히는 능력			
면 양념장 및 고명 제조	양념장을 비율에 맞게 만드는 능력			
	주재료와 어울리는 고명 만드는 능력			
그릇 선택하기	그릇을 음식에 맞게 준비하는 능력			
면류 제공하기	차게 또는 뜨겁게 완성하는 능력			
	고명을 어울리게 얹어 제공하는 능력			
	국물의 양을 적당하게 담아내는 능력			
	양념장을 곁들이거나 담아내는 능력			

학습자 완성품 사진

편수

재료

- 소고기 우둔 40g · 마른 표고버섯 1개
- 애호박 1/2개 · 숙주 50g
- 잣 1/2큰술 · 달걀 1개
- 소금 약간 · 식용유 약간

만두피
- 중력 밀가루 1컵 · 소금 1/2작은술
- 물 3큰술

삶는 물
- 소금 1/2작은술 · 물 1컵

소고기 육수
- 소고기 양지머리 100g
- 물 5컵 · 대파 50g
- 마늘 10g · 통후추 5개

육수양념
- 국간장 1/2작은술 · 소금 1/2작은술

고기양념
- 간장 1작은술 · 설탕 1/2작은술
- 다진 대파 1/2작은술
- 다진 마늘 1/4작은술
- 참기름 1/3작은술
- 참깨 1/4작은술
- 후춧가루 약간

초간장
- 간장 1큰술 · 식초 1큰술
- 설탕 1/2큰술 · 물 1큰술

만드는 법

재료 확인하기
1 밀가루, 소고기, 표고, 애호박, 숙주, 달걀, 대파 등의 품질 확인하기

사용할 도구 선택하기
2 냄비, 프라이팬, 나무젓가락 등을 선택하여 준비한다.

재료 계량하기
3 각각의 재료 분량을 컵과 계량스푼, 저울로 계량하기

재료 준비하기
4 덧가루를 3큰술 남기고 밀가루, 소금, 물을 섞어 만두반죽을 하고 30분 정도 두었다가 사방 8cm의 크기로 정사각형 만두피를 만든다.
5 소고기 우둔은 곱게 다져 핏물을 제거한다.
6 소고기 양지머리는 찬물에 담가 핏물을 제거한다.
7 마른 표고버섯은 미지근한 물에 불려 곱게 채를 썬다.
8 애호박은 4cm 길이로 돌려깎아 채를 썰고 소금으로 절여 물기를 짠다.
9 숙주는 깨끗이 씻는다.

조리하기
10 냄비에 물 5컵, 소고기, 대파, 마늘, 통후추를 넣어 육수를 끓인다. 고기는 건져 편으로 썬다. 육수는 면포에 거르고 기름기를 걷어낸다. 국간장, 소금으로 간을 하여 식힌다.
11 숙주는 끓는 소금물에 데쳐서 송송 썰어 물기를 꼭 짠다.
12 다진 소고기, 채 썬 표고버섯은 고기양념으로 각각 버무려 팬에 볶아서 식힌다.
13 채 썰어 절인 애호박은 팬에 볶아 식힌다.
14 준비된 소고기, 표고, 애호박, 숙주, 잣을 섞어 소를 만든다.
15 만두피에 만두소를 넣고 네 귀를 한데 모아 잣을 박고 붙여 네모지게 만두를 빚는다.
16 끓는 육수에 편수를 삶아서 찬물에 헹군다.
17 달걀은 황·백으로 부치고 마름모로 썬다.
18 간장, 식초, 설탕, 물을 섞어 초간장을 만든다.

담아 완성하기
19 편수의 그릇을 선택한다.
20 그릇에 편수를 담고 찬 장국을 부은 뒤 달걀지단을 올리고 초간장을 곁들인다.

평가자 체크리스트

학습내용	평가 항목	성취수준		
		상	중	하
면류 재료 준비 및 전처리	면 조리 종류에 따른 재료 준비 방법			
	재료에 따른 계량도구 선택 및 방법			
	재료의 전처리 능력			
면 육수 제조 및 반죽	육수를 끓이는 불 조절 능력			
	육수에 따라 맑게 또는 진하게 만드는 능력			
	반죽을 용도에 따라 만드는 능력			
면 및 만두 조리	불의 세기를 조절하여 익히는 능력			
	면 및 만두에 따라 육수의 양을 조절하는 능력			
면 양념장 및 고명 제조	양념장을 만드는 능력			
	고명을 만드는 능력			
그릇 선택하기	뜨겁고 차가운 메뉴별 그릇을 선택하는 능력			
면류 제공하기	양념장을 얹거나 따로 제공하는 능력			
	고명을 보기 좋게 얹는 능력			
	국물의 양을 조절하여 담는 능력			

서술형 시험

학습내용	평가 항목	성취수준		
		상	중	하
면류 재료 준비 및 전처리	메뉴에 따른 재료 준비 방법			
	밀가루의 종류 및 선택하는 방법			
	재료를 손질하여 전처리하는 방법			
면 육수 제조 및 반죽	메뉴와 어울리는 육수를 끓일 때 화력조절의 방법			
	육수를 거르는 방법			
	반죽을 만드는 방법			
	반죽을 숙성하여 사용하는 방법			
면 및 만두 조리	계절에 따른 만두와 국수의 종류			
	지역별 메뉴 설명			
면 양념장 및 고명 제조	메뉴에 따른 양념장 설명			
	주로 사용되는 고명 설명			
그릇 선택하기	메뉴별 그릇을 선택하는 방법			
면류 제공하기	양념장을 곁들여 내는 방법			
	고명을 얹어내는 방법			

작업장 평가

학습내용	평가 항목	성취수준		
		상	중	하
면류 재료 준비 및 전처리	재료를 계량하여 준비하는 능력			
	전처리하여 준비하는 능력			
	크기를 조절하여 칼질하는 능력			
면 육수 제조 및 반죽	화력을 조절하는 능력			
	사용 목적에 따라 육수를 보관 숙성하는 능력			
	용도에 맞게 면이나 만두피가 되도록 반죽하는 능력			
면 및 만두 조리	만두를 찌거나 삶는 능력			
	면을 끓여 익히는 능력			
면 양념장 및 고명 제조	양념장을 비율에 맞게 만드는 능력			
	주재료와 어울리는 고명 만드는 능력			
그릇 선택하기	그릇을 음식에 맞게 준비하는 능력			
면류 제공하기	차게 또는 뜨겁게 완성하는 능력			
	고명을 어울리게 얹어 제공하는 능력			
	국물의 양을 적당하게 담아내는 능력			
	양념장을 곁들이거나 담아내는 능력			

학습자 완성품 사진

규아상

재료

- 소고기 우둔 40g
- 마른 표고버섯 2개
- 오이 1개
- 잣 1/2큰술
- 소금 약간
- 식용유 약간

만두피
- 중력 밀가루 1컵
- 소금 1/2작은술
- 물 3큰술

고기양념
- 간장 1작은술
- 설탕 1/2작은술
- 다진 대파 1/2작은술
- 다진 마늘 1/4작은술
- 참기름 1/3작은술
- 참깨 1/4작은술
- 후춧가루 약간

초간장
- 간장 1큰술
- 식초 1큰술
- 설탕 1/2큰술
- 물 1큰술

만드는 법

재료 확인하기
1 밀가루, 소고기, 표고, 오이, 대파 등의 품질 확인하기

사용할 도구 선택하기
2 냄비, 프라이팬, 나무젓가락 등을 선택하여 준비한다.

재료 계량하기
3 각각의 재료 분량을 컵과 계량스푼, 저울로 계량하기

재료 준비하기
4 덧가루를 3큰술 남기고 밀가루, 소금, 물을 섞어 만두반죽을 하여 30분 정도 두었다가 직경 8cm의 크기로 원형 만두피를 만든다.
5 소고기 우둔은 곱게 다져 핏물을 제거한다.
6 마른 표고버섯은 미지근한 물에 불려 곱게 채를 썬다.
7 오이는 4cm 길이로 돌려깎아 채를 썰고 소금으로 절여 물기를 짠다.

조리하기
8 다진 소고기, 채 썬 표고버섯은 고기양념으로 각각 버무려 팬에 볶아서 식힌다.
9 채 썰어 절인 오이는 팬에 볶아 식힌다.
10 준비된 소고기, 표고, 오이, 잣을 섞어 소를 만든다.
11 만두피에 만두소를 넣고 양끝을 삼각지게 만든 다음 해삼처럼 주름을 잡아 만두를 빚는다.
12 빚은 만두는 김이 오른 찜통에 10분 정도 찐다. 담쟁이잎을 깔고 찌면 좋다.
13 간장, 식초, 설탕, 물을 섞어 초간장을 만든다.

담아 완성하기
14 규아상의 그릇을 선택한다.
15 그릇에 규아상을 담고 초간장을 곁들인다.

평가자 체크리스트

학습내용	평가 항목	성취수준		
		상	중	하
면류 재료 준비 및 전처리	면 조리 종류에 따른 재료 준비 방법			
	재료에 따른 계량도구 선택 및 방법			
	재료의 전처리 능력			
면 육수 제조 및 반죽	육수를 끓이는 불 조절 능력			
	육수에 따라 맑게 또는 진하게 만드는 능력			
	반죽을 용도에 따라 만드는 능력			
면 및 만두 조리	불의 세기를 조절하여 익히는 능력			
	면 및 만두에 따라 육수의 양을 조절하는 능력			
면 양념장 및 고명 제조	양념장을 만드는 능력			
	고명을 만드는 능력			
그릇 선택하기	뜨겁고 차가운 메뉴별 그릇을 선택하는 능력			
면류 제공하기	양념장을 얹거나 따로 제공하는 능력			
	고명을 보기 좋게 얹는 능력			
	국물의 양을 조절하여 담는 능력			

서술형 시험

학습내용	평가 항목	성취수준		
		상	중	하
면류 재료 준비 및 전처리	메뉴에 따른 재료 준비 방법			
	밀가루의 종류 및 선택하는 방법			
	재료를 손질하여 전처리하는 방법			
면 육수 제조 및 반죽	메뉴와 어울리는 육수를 끓일 때 화력조절의 방법			
	육수를 거르는 방법			
	반죽을 만드는 방법			
	반죽을 숙성하여 사용하는 방법			
면 및 만두 조리	계절에 따른 만두와 국수의 종류			
	지역별 메뉴 설명			
면 양념장 및 고명 제조	메뉴에 따른 양념장 설명			
	주로 사용되는 고명 설명			
그릇 선택하기	메뉴별 그릇을 선택하는 방법			
면류 제공하기	양념장을 곁들여 내는 방법			
	고명을 얹어내는 방법			

| 작업장 평가

학습내용	평가 항목	성취수준		
		상	중	하
면류 재료 준비 및 전처리	재료를 계량하여 준비하는 능력			
	전처리하여 준비하는 능력			
	크기를 조절하여 칼질하는 능력			
면 육수 제조 및 반죽	화력을 조절하는 능력			
	사용 목적에 따라 육수를 보관 숙성하는 능력			
	용도에 맞게 면이나 만두피가 되도록 반죽하는 능력			
면 및 만두 조리	만두를 찌거나 삶는 능력			
	면을 끓여 익히는 능력			
면 양념장 및 고명 제조	양념장을 비율에 맞게 만드는 능력			
	주재료와 어울리는 고명 만드는 능력			
그릇 선택하기	그릇을 음식에 맞게 준비하는 능력			
면류 제공하기	차게 또는 뜨겁게 완성하는 능력			
	고명을 어울리게 얹어 제공하는 능력			
	국물의 양을 적당하게 담아내는 능력			
	양념장을 곁들이거나 담아내는 능력			

| 학습자 완성품 사진

석류탕

재료

- 닭살 30g · 소고기 우둔 50g
- 마른 표고버섯 1개 · 두부 20g
- 숙주 30g · 미나리 20g
- 무 30g · 잣 1큰술
- 달걀 1개 · 소금 약간
- 식용유 약간

만두피
- 중력 밀가루 1컵
- 소금 1/2작은술
- 물 3큰술

삶는 물
- 소금 1/2작은술 · 물 1컵

소고기 육수
- 소고기 양지머리 100g
- 물 6컵 · 대파 50g
- 마늘 10g · 통후추 5개

육수양념
- 국간장 1/2작은술
- 소금 1/2작은술

만두소양념
- 소금 1/2작은술
- 다진 대파 1작은술
- 다진 마늘 1/2작은술
- 참기름 1작은술
- 참깨 1/2작은술

만드는 법

재료 확인하기
1 밀가루, 닭고기, 두부, 숙주, 미나리, 무, 잣, 달걀 등의 품질 확인하기

사용할 도구 선택하기
2 냄비, 프라이팬, 나무젓가락 등을 선택하여 준비한다.

재료 계량하기
3 각각의 재료 분량을 컵과 계량스푼, 저울로 계량하기

재료 준비하기
4 덧가루를 3큰술을 남기고 밀가루, 소금, 물을 섞어 만두반죽을 하고 30분 정도 두었다가 직경 6cm의 크기로 원형 만두피를 만든다.
5 소고기 우둔은 곱게 다져 핏물을 제거한다.
6 소고기 양지머리는 찬물에 담가 핏물을 제거한다.
7 닭살은 곱게 다진다.
8 마른 표고버섯은 미지근한 물에 불려 곱게 채를 썬다.
9 두부는 물기를 제거하고 곱게 다진다.
10 숙주는 깨끗이 씻는다.
11 미나리는 잎을 다듬어내고 줄기만 깨끗이 씻는다.
12 무는 3cm×0.2cm×0.2cm로 곱게 채를 썬다.

조리하기
13 핏물을 제거한 소고기 양지머리는 끓는 물에 대파, 마늘, 통후추를 함께 넣어 끓인다. 소고기가 익으면 삶아 건져 편육으로 하고, 육수는 식혀 기름기를 걷어낸다.
14 달걀은 지단으로 부쳐 마름모형으로 썬다.
15 채 썬 무는 끓는 소금물에 데쳐 물기를 꼭 짠다.
16 손질한 숙주, 미나리는 끓는 소금물에 데쳐서 송송 썰고 물기를 꼭 짠다.
17 준비한 소고기 우둔, 닭살, 표고버섯, 두부, 숙주, 미나리, 무를 한데 모아 만두소양념으로 고루 버무린다.
18 만두피에 만두소를 얹고 잣을 하나씩 올린 다음 양손으로 가운데를 모아 주머니 모양으로 만두를 빚는다.
19 냄비에 육수를 부어 끓으면 국간장, 소금으로 간을 한다. 만두를 넣어 끓인다.

담아 완성하기
20 석류탕의 그릇을 선택한다.
21 그릇에 석류탕을 담고 달걀지단을 고명으로 얹는다.

학습평가

▌평가자 체크리스트

학습내용	평가 항목	성취수준		
		상	중	하
면류 재료 준비 및 전처리	면 조리 종류에 따른 재료 준비 방법			
	재료에 따른 계량도구 선택 및 방법			
	재료의 전처리 능력			
면 육수 제조 및 반죽	육수를 끓이는 불 조절 능력			
	육수에 따라 맑게 또는 진하게 만드는 능력			
	반죽을 용도에 따라 만드는 능력			
면 및 만두 조리	불의 세기를 조절하여 익히는 능력			
	면 및 만두에 따라 육수의 양을 조절하는 능력			
면 양념장 및 고명 제조	양념장을 만드는 능력			
	고명을 만드는 능력			
그릇 선택하기	뜨겁고 차가운 메뉴별 그릇을 선택하는 능력			
면류 제공하기	양념장을 얹거나 따로 제공하는 능력			
	고명을 보기 좋게 얹는 능력			
	국물의 양을 조절하여 담는 능력			

▌서술형 시험

학습내용	평가 항목	성취수준		
		상	중	하
면류 재료 준비 및 전처리	메뉴에 따른 재료 준비 방법			
	밀가루의 종류 및 선택하는 방법			
	재료를 손질하여 전처리하는 방법			
면 육수 제조 및 반죽	메뉴와 어울리는 육수를 끓일 때 화력조절의 방법			
	육수를 거르는 방법			
	반죽을 만드는 방법			
	반죽을 숙성하여 사용하는 방법			
면 및 만두 조리	계절에 따른 만두와 국수의 종류			
	지역별 메뉴 설명			
면 양념장 및 고명 제조	메뉴에 따른 양념장 설명			
	주로 사용되는 고명 설명			
그릇 선택하기	메뉴별 그릇을 선택하는 방법			
면류 제공하기	양념장을 곁들여 내는 방법			
	고명을 얹어내는 방법			

작업장 평가

학습내용	평가 항목	성취수준		
		상	중	하
면류 재료 준비 및 전처리	재료를 계량하여 준비하는 능력			
	전처리하여 준비하는 능력			
	크기를 조절하여 칼질하는 능력			
면 육수 제조 및 반죽	화력을 조절하는 능력			
	사용 목적에 따라 육수를 보관 숙성하는 능력			
	용도에 맞게 면이나 만두피가 되도록 반죽하는 능력			
면 및 만두 조리	만두를 찌거나 삶는 능력			
	면을 끓여 익히는 능력			
면 양념장 및 고명 제조	양념장을 비율에 맞게 만드는 능력			
	주재료와 어울리는 고명 만드는 능력			
그릇 선택하기	그릇을 음식에 맞게 준비하는 능력			
면류 제공하기	차게 또는 뜨겁게 완성하는 능력			
	고명을 어울리게 얹어 제공하는 능력			
	국물의 양을 적당하게 담아내는 능력			
	양념장을 곁들이거나 담아내는 능력			

학습자 완성품 사진

병시

재료

- 소고기 우둔 50g · 두부 20g
- 마른 표고버섯 1개 · 숙주 50g
- 배추김치 50g · 대파 50g
- 다진 마늘 1작은술 · 달걀 1개
- 실고추 약간 · 소금 약간
- 식용유 약간

만두피
- 중력 밀가루 1컵
- 소금 1/2작은술 · 물 3큰술

삶는 물
- 소금 1/2작은술 · 물 1컵

소고기 육수
- 소고기 양지머리 100g
- 물 6컵 · 대파 50g
- 마늘 10g · 통후추 5개

육수양념
- 국간장 1/2작은술 · 소금 1/2작은술

만두소양념
- 소금 1/4작은술 · 다진 대파 1/2작은술
- 다진 마늘 1/4작은술 · 참기름 1/2작은술
- 참깨 1/4작은술

고기양념
- 간장 1작은술 · 설탕 1/2작은술
- 다진 대파 1/2작은술 · 다진 마늘 1/4작은술
- 참기름 1/3작은술
- 참깨 1/4작은술

만드는 법

재료 확인하기
1 밀가루, 소고기 우둔, 표고버섯, 두부, 숙주, 배추김치, 대파, 마늘, 달걀 등의 품질 확인하기

사용할 도구 선택하기
2 냄비, 프라이팬, 나무젓가락 등을 선택하여 준비한다.

재료 계량하기
3 각각의 재료 분량을 컵과 계량스푼, 저울로 계량하기

재료 준비하기
4 덧가루를 3큰술을 남기고 밀가루, 소금, 물을 섞어 만두반죽을 하고 30분 정도 두었다가 직경 7cm의 크기로 원형 만두피를 만든다.
5 소고기 우둔은 곱게 다져 핏물을 제거한다.
6 소고기 양지머리는 찬물에 담가 핏물을 제거한다.
7 마른 표고버섯은 미지근한 물에 불려 곱게 채를 썬다.
8 두부는 물기를 제거하고 곱게 다진다.
9 숙주는 깨끗이 씻는다.
10 배추김치는 속을 털어내고 송송 썬다. 국물을 꼭 짠다.
11 대파는 어슷썰기를 한다.
12 실고추는 7cm~8cm 길이로 자른다.

조리하기
13 핏물을 제거한 소고기 양지머리는 끓는 물에 대파, 마늘, 통후추를 함께 넣어 끓인다. 소고기가 익으면 삶아 건져 편육으로 하고, 육수는 식혀 기름기를 걷어낸다.
14 달걀은 지단으로 부쳐 10cm×0.3cm×0.3cm 길이로 채를 썬다.
15 손질한 숙주는 끓는 소금물에 데쳐서 송송 썰고 물기를 꼭 짠다.
16 다진 소고기는 고기양념으로 버무린다.
17 준비한 소고기, 표고버섯, 두부, 숙주, 배추김치를 한데 모아 만두소양념으로 고루 버무린다.
18 만두피에 만두소를 얹고 반달모양으로 만두를 빚는다.
19 냄비에 육수를 부어 끓으면 국간장, 소금으로 간을 한다. 만두를 넣어 끓인다. 만두가 익어서 동동 떠오르면 대파, 다진 마늘을 넣고 한소끔 더 끓인다.

담아 완성하기
20 병시의 그릇을 선택한다.
21 그릇에 병시를 담고 달걀지단과 실고추를 고명으로 얹는다.

학습
평가

▌평가자 체크리스트

학습내용	평가 항목	성취수준		
		상	중	하
면류 재료 준비 및 전처리	면 조리 종류에 따른 재료 준비 방법			
	재료에 따른 계량도구 선택 및 방법			
	재료의 전처리 능력			
면 육수 제조 및 반죽	육수를 끓이는 불 조절 능력			
	육수에 따라 맑게 또는 진하게 만드는 능력			
	반죽을 용도에 따라 만드는 능력			
면 및 만두 조리	불의 세기를 조절하여 익히는 능력			
	면 및 만두에 따라 육수의 양을 조절하는 능력			
면 양념장 및 고명 제조	양념장을 만드는 능력			
	고명을 만드는 능력			
그릇 선택하기	뜨겁고 차가운 메뉴별 그릇을 선택하는 능력			
면류 제공하기	양념장을 얹거나 따로 제공하는 능력			
	고명을 보기 좋게 얹는 능력			
	국물의 양을 조절하여 담는 능력			

▌서술형 시험

학습내용	평가 항목	성취수준		
		상	중	하
면류 재료 준비 및 전처리	메뉴에 따른 재료 준비 방법			
	밀가루의 종류 및 선택하는 방법			
	재료를 손질하여 전처리하는 방법			
면 육수 제조 및 반죽	메뉴와 어울리는 육수를 끓일 때 화력조절의 방법			
	육수를 거르는 방법			
	반죽을 만드는 방법			
	반죽을 숙성하여 사용하는 방법			
면 및 만두 조리	계절에 따른 만두와 국수의 종류			
	지역별 메뉴 설명			
면 양념장 및 고명 제조	메뉴에 따른 양념장 설명			
	주로 사용되는 고명 설명			
그릇 선택하기	메뉴별 그릇을 선택하는 방법			
면류 제공하기	양념장을 곁들여 내는 방법			
	고명을 얹어내는 방법			

작업장 평가

학습내용	평가 항목	성취수준		
		상	중	하
면류 재료 준비 및 전처리	재료를 계량하여 준비하는 능력			
	전처리하여 준비하는 능력			
	크기를 조절하여 칼질하는 능력			
면 육수 제조 및 반죽	화력을 조절하는 능력			
	사용 목적에 따라 육수를 보관 숙성하는 능력			
	용도에 맞게 면이나 만두피가 되도록 반죽하는 능력			
면 및 만두 조리	만두를 찌거나 삶는 능력			
	면을 끓여 익히는 능력			
면 양념장 및 고명 제조	양념장을 비율에 맞게 만드는 능력			
	주재료와 어울리는 고명 만드는 능력			
그릇 선택하기	그릇을 음식에 맞게 준비하는 능력			
면류 제공하기	차게 또는 뜨겁게 완성하는 능력			
	고명을 어울리게 얹어 제공하는 능력			
	국물의 양을 적당하게 담아내는 능력			
	양념장을 곁들이거나 담아내는 능력			

학습자 완성품 사진

김치만두

재료

- 배추김치 100g
- 다진 돼지고기 100g
- 두부 50g
- 숙주 100g
- 다진 양파 1/2컵
- 마른 당면 30g

만두피

- 중력 밀가루 1컵
- 소금 1/2작은술
- 물 3큰술

만두소

- 소금 1/2작은술
- 다진 대파 1큰술
- 다진 마늘 1/2큰술
- 참기름 1큰술
- 깨소금 1작은술
- 후춧가루 1/5작은술

만드는 법

재료 확인하기

1 밀가루, 두부, 숙주, 양파, 배추김치, 대파, 마늘 등의 품질 확인하기

사용할 도구 선택하기

2 냄비, 프라이팬, 나무젓가락 등을 선택하여 준비한다.

재료 계량하기

3 각각의 재료 분량을 컵과 계량스푼, 저울로 계량하기

재료 준비하기

4 덧가루 3큰술을 남기고 밀가루, 소금, 물을 섞어 만두반죽을 하고 30분 정도 두었다가 직경 7cm의 크기로 원형 만두피를 만든다.
5 배추김치는 속을 털어내고 송송 썬다. 국물을 꼭 짠다.
6 돼지고기는 핏물을 제거한다.
7 두부는 물기를 제거하고 곱게 다진다.
8 숙주는 깨끗이 씻는다.
9 당면은 물에 불린다.

조리하기

10 손질한 숙주는 끓는 소금물에 데쳐서 송송 썰고 물기를 꼭 짠다.
11 불린 당면은 끓는 물에 삶아서 물기를 제거하고 송송 썬다.
12 준비한 배추김치, 돼지고기, 두부, 숙주, 양파, 당면을 한데 모아 만두소양념으로 고루 버무린다.
13 만두피에 만두소를 얹고 반달모양을 만들어 3번 눌러 김치만두를 빚는다.
14 김이 오른 찜기에 10분 정도 찐다.

담아 완성하기

15 김치만두의 그릇을 선택한다.
16 그릇에 김치만두를 담는다.

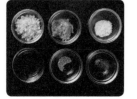

평가자 체크리스트

학습내용	평가 항목	성취수준		
		상	중	하
면류 재료 준비 및 전처리	면 조리 종류에 따른 재료 준비 방법			
	재료에 따른 계량도구 선택 및 방법			
	재료의 전처리 능력			
면 육수 제조 및 반죽	육수를 끓이는 불 조절 능력			
	육수에 따라 맑게 또는 진하게 만드는 능력			
	반죽을 용도에 따라 만드는 능력			
면 및 만두 조리	불의 세기를 조절하여 익히는 능력			
	면 및 만두에 따라 육수의 양을 조절하는 능력			
면 양념장 및 고명 제조	양념장을 만드는 능력			
	고명을 만드는 능력			
그릇 선택하기	뜨겁고 차가운 메뉴별 그릇을 선택하는 능력			
면류 제공하기	양념장을 얹거나 따로 제공하는 능력			
	고명을 보기 좋게 얹는 능력			
	국물의 양을 조절하여 담는 능력			

서술형 시험

학습내용	평가 항목	성취수준		
		상	중	하
면류 재료 준비 및 전처리	메뉴에 따른 재료 준비 방법			
	밀가루의 종류 및 선택하는 방법			
	재료를 손질하여 전처리하는 방법			
면 육수 제조 및 반죽	메뉴와 어울리는 육수를 끓일 때 화력조절의 방법			
	육수를 거르는 방법			
	반죽을 만드는 방법			
	반죽을 숙성하여 사용하는 방법			
면 및 만두 조리	계절에 따른 만두와 국수의 종류			
	지역별 메뉴 설명			
면 양념장 및 고명 제조	메뉴에 따른 양념장 설명			
	주로 사용되는 고명 설명			
그릇 선택하기	메뉴별 그릇을 선택하는 방법			
면류 제공하기	양념장을 곁들여 내는 방법			
	고명을 얹어내는 방법			

작업장 평가

학습내용	평가 항목	성취수준		
		상	중	하
면류 재료 준비 및 전처리	재료를 계량하여 준비하는 능력			
	전처리하여 준비하는 능력			
	크기를 조절하여 칼질하는 능력			
면 육수 제조 및 반죽	화력을 조절하는 능력			
	사용 목적에 따라 육수를 보관 숙성하는 능력			
	용도에 맞게 면이나 만두피가 되도록 반죽하는 능력			
면 및 만두 조리	만두를 찌거나 삶는 능력			
	면을 끓여 익히는 능력			
면 양념장 및 고명 제조	양념장을 비율에 맞게 만드는 능력			
	주재료와 어울리는 고명 만드는 능력			
그릇 선택하기	그릇을 음식에 맞게 준비하는 능력			
면류 제공하기	차게 또는 뜨겁게 완성하는 능력			
	고명을 어울리게 얹어 제공하는 능력			
	국물의 양을 적당하게 담아내는 능력			
	양념장을 곁들이거나 담아내는 능력			

학습자 완성품 사진

떡만둣국

재료

- 떡국용 가래떡 200g
- 소고기 30g · 배추김치 40g
- 두부 20g · 미나리 40g
- 숙주 30g · 달걀 1개
- 소금 약간 · 식용유 약간 · 김가루 약간

소고기 육수
- 소고기 양지머리 100g
- 물 6컵 · 대파 50g
- 마늘 10g

육수양념
- 국간장 1/2작은술
- 소금 1/2작은술

삶는 물
- 소금 1/2작은술
- 물 1컵

만두피
- 중력 밀가루 1컵
- 소금 1/2작은술
- 물 3큰술

만두소
- 소금 1/2작은술
- 다진 대파 1큰술
- 다진 마늘 1/2작은술
- 참기름 1큰술
- 깨소금 1작은술
- 후춧가루 1/5작은술

만드는 법

재료 확인하기
1 소고기, 밀가루, 두부, 숙주, 배추김치, 미나리, 대파, 마늘 등의 품질 확인하기

사용할 도구 선택하기
2 냄비, 프라이팬, 나무젓가락 등을 선택하여 준비한다.

재료 계량하기
3 각각의 재료 분량을 컵과 계량스푼, 저울로 계량하기

재료 준비하기
4 덧가루를 3큰술 남기고 밀가루, 소금, 물을 섞어 만두반죽을 하고 30분 정도 두었다가 직경 7cm의 크기로 원형 만두피를 만든다.
5 소고기 양지머리는 찬물에 담근다.
6 배추김치는 속을 털어내고 송송 썬다. 국물을 꼭 짠다.
7 소고기는 곱게 다져 핏물을 제거한다.
8 두부는 물기를 제거하고 곱게 다진다.
9 숙주는 깨끗이 씻는다.
10 미나리는 잎을 떼고 줄기를 깨끗이 씻는다.

조리하기
11 핏물 제거한 소고기 양지머리는 끓는 물에 대파, 마늘, 통후추를 함께 넣어 끓인다. 소고기가 익으면 삶아 건져 편육으로 하고, 육수는 식혀 기름기를 걷어낸다.
12 달걀은 황·백으로 지단을 한다. 마름모로 썬다.
13 김은 구워 부순다. 손질한 숙주는 끓는 소금물에 데쳐서 송송 썰고 물기를 꼭 짠다.
14 끓는 물에 미나리, 숙주를 각각 데쳐 송송 썰고 물기를 꼭 짠다.
15 준비한 배추김치, 소고기, 두부, 미나리, 숙주를 한데 모아 만두소양념으로 고루 버무린다.
16 만두피에 만두소를 얹고 만두를 빚는다.
17 냄비에 육수를 부어 끓으면 국간장, 소금으로 간을 한다. 떡과 만두를 넣어 끓인다.

담아 완성하기
18 떡만둣국의 그릇을 선택한다.
19 그릇에 떡만둣국을 담고 달걀지단, 김가루를 고명으로 얹는다.

학습
평가

평가자 체크리스트

학습내용	평가 항목	성취수준		
		상	중	하
면류 재료 준비 및 전처리	면 조리 종류에 따른 재료 준비 방법			
	재료에 따른 계량도구 선택 및 방법			
	재료의 전처리 능력			
면 육수 제조 및 반죽	육수를 끓이는 불 조절 능력			
	육수에 따라 맑게 또는 진하게 만드는 능력			
	반죽을 용도에 따라 만드는 능력			
면 및 만두 조리	불의 세기를 조절하여 익히는 능력			
	면 및 만두에 따라 육수의 양을 조절하는 능력			
면 양념장 및 고명 제조	양념장을 만드는 능력			
	고명을 만드는 능력			
그릇 선택하기	뜨겁고 차가운 메뉴별 그릇을 선택하는 능력			
면류 제공하기	양념장을 얹거나 따로 제공하는 능력			
	고명을 보기 좋게 얹는 능력			
	국물의 양을 조절하여 담는 능력			

서술형 시험

학습내용	평가 항목	성취수준		
		상	중	하
면류 재료 준비 및 전처리	메뉴에 따른 재료 준비 방법			
	밀가루의 종류 및 선택하는 방법			
	재료를 손질하여 전처리하는 방법			
면 육수 제조 및 반죽	메뉴와 어울리는 육수를 끓일 때 화력조절의 방법			
	육수를 거르는 방법			
	반죽을 만드는 방법			
	반죽을 숙성하여 사용하는 방법			
면 및 만두 조리	계절에 따른 만두와 국수의 종류			
	지역별 메뉴 설명			
면 양념장 및 고명 제조	메뉴에 따른 양념장 설명			
	주로 사용되는 고명 설명			
그릇 선택하기	메뉴별 그릇을 선택하는 방법			
면류 제공하기	양념장을 곁들여 내는 방법			
	고명을 얹어내는 방법			

작업장 평가

학습내용	평가 항목	성취수준		
		상	중	하
면류 재료 준비 및 전처리	재료를 계량하여 준비하는 능력			
	전처리하여 준비하는 능력			
	크기를 조절하여 칼질하는 능력			
면 육수 제조 및 반죽	화력을 조절하는 능력			
	사용 목적에 따라 육수를 보관 숙성하는 능력			
	용도에 맞게 면이나 만두피가 되도록 반죽하는 능력			
면 및 만두 조리	만두를 찌거나 삶는 능력			
	면을 끓여 익히는 능력			
면 양념장 및 고명 제조	양념장을 비율에 맞게 만드는 능력			
	주재료와 어울리는 고명 만드는 능력			
그릇 선택하기	그릇을 음식에 맞게 준비하는 능력			
면류 제공하기	차게 또는 뜨겁게 완성하는 능력			
	고명을 어울리게 얹어 제공하는 능력			
	국물의 양을 적당하게 담아내는 능력			
	양념장을 곁들이거나 담아내는 능력			

학습자 완성품 사진

어만두

- 흰살 생선(동태 1/2마리) 150g
- 소고기 우둔 50g · 마른 표고버섯 1장
- 마른 목이버섯 2장 · 숙주 30g
- 오이 30g · 소금 1/4작은술
- 녹말가루 5큰술 · 식용유 적당량

생선양념
- 소금 1/4작은술 · 후춧가루 약간

곁들이 채소
- 오이(4cm) 50g · 석이버섯 3장
- 붉은 고추(4cm) 1/2개
- 마른 표고버섯 1장

고기양념
- 간장 1작은술 · 설탕 1/2작은술
- 참깨 1/4작은술 · 후춧가루 약간
- 참기름 1/3작은술 · 다진 대파 1/2작은술
- 다진 마늘 1/4작은술

삶는 물
- 소금 1/2작은술 · 물 1컵

초간장
- 간장 1큰술 · 식초 1큰술
- 설탕 1/2큰술 · 물 1큰술

겨자즙
- 겨자 갠 것 1큰술 · 설탕 1/2큰술
- 식초 1큰술 · 간장 1/2작은술
- 소금 1/6작은술

재료 확인하기
1 흰살 생선, 소고기 우둔, 마른 표고버섯, 마른 목이버섯, 숙주, 오이, 붉은 고추, 대파, 마늘 등의 품질 확인하기

사용할 도구 선택하기
2 냄비, 프라이팬, 나무젓가락 등을 선택하여 준비한다.

재료 계량하기
3 각각의 재료 분량을 컵과 계량스푼, 저울로 계량하기

재료 준비하기
4 흰살 생선은 내장과 뼈를 제거하고 7cm 정도의 얇은 포를 뜬 다음 소금, 후추로 간을 한다.
5 소고기는 곱게 다져 핏물을 제거한다.
6 마른 표고버섯은 미지근한 물에 불려 곱게 채를 썬다.
7 마른 목이버섯은 미지근한 물에 불려 곱게 채를 썬다.
8 숙주는 깨끗하게 씻는다.
9 오이는 4cm 길이로 돌려깎아 채를 썰고 소금으로 절인다.
10 곁들이는 마른 표고버섯, 마른 석이버섯은 물에 불린다.
11 오이, 붉은 고추, 표고버섯, 석이버섯은 4cm×2cm×0.3cm 크기로 골패형 썰기를 한다.

조리하기
12 소고기, 표고버섯, 목이버섯은 각각 고기양념으로 버무려 각각 팬에 볶아 식힌다.
13 숙주는 끓는 소금물에 데쳐서 송송 썰고 물기를 꼭 짠다.
14 절여진 오이는 물기를 짜고 팬에 볶아 식힌다.
15 소고기, 표고버섯, 목이버섯, 숙주, 오이를 한데 모아 버무려 만두소를 만든다.
16 생선포에 물기를 제거하고 녹말가루를 묻혀서 준비된 소를 올리고 동그랗게 싼 다음 겉에 녹말가루를 묻혀서 꼭꼭 쥐어 김이 오른 찜기에 10분간 찐다.
17 골패형으로 썬 곁들이 채소는 녹말가루를 묻혀 끓는 물에 데쳐낸 다음 바로 찬물에 헹구어 물기를 없앤다.
18 간장, 식초, 설탕, 물을 섞어 초간장을 만든다.
19 겨자 갠 것, 설탕, 식초, 간장, 소금을 섞어 겨자즙을 만든다.

담아 완성하기
20 어만두의 그릇을 선택한다.
21 그릇에 어만두, 곁들이 채소를 함께 담고, 초간장과 겨자즙을 각각 담아 곁들인다.

학습
평가

평가자 체크리스트

학습내용	평가 항목	성취수준		
		상	중	하
면류 재료 준비 및 전처리	면 조리 종류에 따른 재료 준비 방법			
	재료에 따른 계량도구 선택 및 방법			
	재료의 전처리 능력			
면 육수 제조 및 반죽	육수를 끓이는 불 조절 능력			
	육수에 따라 맑게 또는 진하게 만드는 능력			
	반죽을 용도에 따라 만드는 능력			
면 및 만두 조리	불의 세기를 조절하여 익히는 능력			
	면 및 만두에 따라 육수의 양을 조절하는 능력			
면 양념장 및 고명 제조	양념장을 만드는 능력			
	고명을 만드는 능력			
그릇 선택하기	뜨겁고 차가운 메뉴별 그릇을 선택하는 능력			
면류 제공하기	양념장을 얹거나 따로 제공하는 능력			
	고명을 보기 좋게 얹는 능력			
	국물의 양을 조절하여 담는 능력			

서술형 시험

학습내용	평가 항목	성취수준		
		상	중	하
면류 재료 준비 및 전처리	메뉴에 따른 재료 준비 방법			
	밀가루의 종류 및 선택하는 방법			
	재료를 손질하여 전처리하는 방법			
면 육수 제조 및 반죽	메뉴와 어울리는 육수를 끓일 때 화력조절의 방법			
	육수를 거르는 방법			
	반죽을 만드는 방법			
	반죽을 숙성하여 사용하는 방법			
면 및 만두 조리	계절에 따른 만두와 국수의 종류			
	지역별 메뉴 설명			
면 양념장 및 고명 제조	메뉴에 따른 양념장 설명			
	주로 사용되는 고명 설명			
그릇 선택하기	메뉴별 그릇을 선택하는 방법			
면류 제공하기	양념장을 곁들여 내는 방법			
	고명을 얹어내는 방법			

작업장 평가

학습내용	평가 항목	성취수준 상	성취수준 중	성취수준 하
면류 재료 준비 및 전처리	재료를 계량하여 준비하는 능력			
	전처리하여 준비하는 능력			
	크기를 조절하여 칼질하는 능력			
면 육수 제조 및 반죽	화력을 조절하는 능력			
	사용 목적에 따라 육수를 보관 숙성하는 능력			
	용도에 맞게 면이나 만두피가 되도록 반죽하는 능력			
면 및 만두 조리	만두를 찌거나 삶는 능력			
	면을 끓여 익히는 능력			
면 양념장 및 고명 제조	양념장을 비율에 맞게 만드는 능력			
	주재료와 어울리는 고명 만드는 능력			
그릇 선택하기	그릇을 음식에 맞게 준비하는 능력			
면류 제공하기	차게 또는 뜨겁게 완성하는 능력			
	고명을 어울리게 얹어 제공하는 능력			
	국물의 양을 적당하게 담아내는 능력			
	양념장을 곁들이거나 담아내는 능력			

학습자 완성품 사진

배추만두(숭채만두)

재료

- 배추잎 10장
- 쪽파 70g
- 소고기 60g
- 숙주 50g
- 두부 20g
- 다진 대파 1작은술
- 다진 마늘 1/2작은술
- 참기름 1작은술
- 소금 1/4작은술
- 후춧가루 약간

삶는 물
- 소금 1작은술
- 물 2컵

만드는 법

재료 확인하기

1 소고기, 배추, 쪽파, 숙주, 배추김치, 두부, 대파, 마늘 등의 품질 확인하기

사용할 도구 선택하기

2 냄비, 프라이팬, 나무젓가락 등을 선택하여 준비한다.

재료 계량하기

3 각각의 재료 분량을 컵과 계량스푼, 저울로 계량하기

재료 준비하기

4 배추잎은 두꺼운 줄기부분을 정리한다.
5 쪽파는 다듬어 씻는다.
6 소고기는 곱게 다져 핏물을 제거한다.
7 두부는 으깨고 물기를 제거한다.
8 배추김치는 송송 썰어 물기를 꼭 짠다.

조리하기

9 배추잎과 쪽파는 끓는 소금물에 데쳐서 찬물에 헹군 뒤 물기를 제거한다.
10 소고기, 두부, 배추김치, 숙주는 다진 대파, 다진 마늘, 참기름, 깨소금, 소금, 후춧가루를 넣고 버무려 만두소를 만든다.
11 배추잎에 만두소를 넣고 사각으로 만들어 쪽파로 묶는다.
12 김이 오른 찜기에 10분 정도 찐다.

담아 완성하기

13 배추만두의 그릇을 선택한다.
14 그릇에 배추만두를 담는다.

학습 평가

| 평가자 체크리스트

학습내용	평가 항목	성취수준		
		상	중	하
면류 재료 준비 및 전처리	면 조리 종류에 따른 재료 준비 방법			
	재료에 따른 계량도구 선택 및 방법			
	재료의 전처리 능력			
면 육수 제조 및 반죽	육수를 끓이는 불 조절 능력			
	육수에 따라 맑게 또는 진하게 만드는 능력			
	반죽을 용도에 따라 만드는 능력			
면 및 만두 조리	불의 세기를 조절하여 익히는 능력			
	면 및 만두에 따라 육수의 양을 조절하는 능력			
면 양념장 및 고명 제조	양념장을 만드는 능력			
	고명을 만드는 능력			
그릇 선택하기	뜨겁고 차가운 메뉴별 그릇을 선택하는 능력			
면류 제공하기	양념장을 얹거나 따로 제공하는 능력			
	고명을 보기 좋게 얹는 능력			
	국물의 양을 조절하여 담는 능력			

| 서술형 시험

학습내용	평가 항목	성취수준		
		상	중	하
면류 재료 준비 및 전처리	메뉴에 따른 재료 준비 방법			
	밀가루의 종류 및 선택하는 방법			
	재료를 손질하여 전처리하는 방법			
면 육수 제조 및 반죽	메뉴와 어울리는 육수를 끓일 때 화력조절의 방법			
	육수를 거르는 방법			
	반죽을 만드는 방법			
	반죽을 숙성하여 사용하는 방법			
면 및 만두 조리	계절에 따른 만두와 국수의 종류			
	지역별 메뉴 설명			
면 양념장 및 고명 제조	메뉴에 따른 양념장 설명			
	주로 사용되는 고명 설명			
그릇 선택하기	메뉴별 그릇을 선택하는 방법			
면류 제공하기	양념장을 곁들여 내는 방법			
	고명을 얹어내는 방법			

작업장 평가

학습내용	평가 항목	성취수준		
		상	중	하
면류 재료 준비 및 전처리	재료를 계량하여 준비하는 능력			
	전처리하여 준비하는 능력			
	크기를 조절하여 칼질하는 능력			
면 육수 제조 및 반죽	화력을 조절하는 능력			
	사용 목적에 따라 육수를 보관 숙성하는 능력			
	용도에 맞게 면이나 만두피가 되도록 반죽하는 능력			
면 및 만두 조리	만두를 찌거나 삶는 능력			
	면을 끓여 익히는 능력			
면 양념장 및 고명 제조	양념장을 비율에 맞게 만드는 능력			
	주재료와 어울리는 고명 만드는 능력			
그릇 선택하기	그릇을 음식에 맞게 준비하는 능력			
면류 제공하기	차게 또는 뜨겁게 완성하는 능력			
	고명을 어울리게 얹어 제공하는 능력			
	국물의 양을 적당하게 담아내는 능력			
	양념장을 곁들이거나 담아내는 능력			

학습자 완성품 사진

물만두

재료

- 닭살 30g · 소고기 우둔 50g
- 마른 표고버섯 1개 · 두부 20g
- 숙주 30g · 미나리 20g
- 무 30g · 잣 1큰술

만두피
- 중력 밀가루 1컵 · 소금 1/2작은술
- 물 3큰술

삶는 물
- 소금 1/2작은술 · 물 1컵

소고기 육수
- 소고기 양지머리 100g
- 물 6컵 · 대파 50g
- 마늘 10g · 통후추 5개

육수양념
- 국간장 1/2작은술
- 소금 1/2작은술

만두소양념
- 소금 1/2작은술
- 다진 대파 1작은술
- 다진 마늘 1/2작은술
- 참기름 1작은술
- 참깨 1/2작은술

만드는 법

재료 확인하기
1 밀가루, 닭고기, 두부, 숙주, 미나리, 무, 잣, 달걀 등의 품질 확인하기

사용할 도구 선택하기
2 냄비, 프라이팬, 나무젓가락 등을 선택하여 준비한다.

재료 계량하기
3 각각의 재료 분량을 컵과 계량스푼, 저울로 계량하기

재료 준비하기
4 덧가루를 3큰술 남기고 밀가루, 소금, 물을 섞어 만두반죽을 하여 30분 정도 두었다가 직경 6cm의 크기로 원형 만두피를 만든다.
5 소고기 우둔은 곱게 다져 핏물을 제거한다.
6 소고기 양지머리는 찬물에 담가 핏물을 제거한다.
7 닭살은 곱게 다진다.
8 마른 표고버섯은 미지근한 물에 불려 곱게 채를 썬다.
9 두부는 물기를 제거하고 곱게 다진다.
10 숙주는 깨끗이 씻는다.
11 미나리는 잎을 다듬어내고 줄기만 깨끗이 씻는다.
12 무는 3cm×0.2cm×0.2cm로 곱게 채를 썬다.

조리하기
13 핏물을 제거한 소고기 양지머리는 끓는 물에 대파, 마늘, 통후추를 함께 넣어 끓인다. 소고기가 익으면 삶아 건져 편육으로 하고, 육수는 식혀 기름기를 걷어낸다.
14 채 썬 무는 끓는 소금물에 데쳐 물기를 꼭 짠다.
15 손질한 숙주, 미나리는 끓는 소금물에 데쳐서 송송 썰고 물기를 꼭 짠다.
16 준비한 소고기 우둔, 닭살, 표고버섯, 두부, 숙주, 미나리, 무를 한데 모아 만두소양념으로 고루 버무린다.
17 만두피에 만두소를 얹고 주름을 잡아 만두를 빚는다.
18 냄비에 육수를 부어 끓으면 국간장, 소금으로 간을 한다. 만두를 넣어 끓인다.

담아 완성하기
19 물만두의 그릇을 선택한다.
20 그릇에 물만두를 담고 육수는 50ml 정도만 함께 담는다.

학습 평가

| 평가자 체크리스트

학습내용	평가 항목	성취수준		
		상	중	하
면류 재료 준비 및 전처리	면 조리 종류에 따른 재료 준비 방법			
	재료에 따른 계량도구 선택 및 방법			
	재료의 전처리 능력			
면 육수 제조 및 반죽	육수를 끓이는 불 조절 능력			
	육수에 따라 맑게 또는 진하게 만드는 능력			
	반죽을 용도에 따라 만드는 능력			
면 및 만두 조리	불의 세기를 조절하여 익히는 능력			
	면 및 만두에 따라 육수의 양을 조절하는 능력			
면 양념장 및 고명 제조	양념장을 만드는 능력			
	고명을 만드는 능력			
그릇 선택하기	뜨겁고 차가운 메뉴별 그릇을 선택하는 능력			
면류 제공하기	양념장을 얹거나 따로 제공하는 능력			
	고명을 보기 좋게 얹는 능력			
	국물의 양을 조절하여 담는 능력			

| 서술형 시험

학습내용	평가 항목	성취수준		
		상	중	하
면류 재료 준비 및 전처리	메뉴에 따른 재료 준비 방법			
	밀가루의 종류 및 선택하는 방법			
	재료를 손질하여 전처리하는 방법			
면 육수 제조 및 반죽	메뉴와 어울리는 육수를 끓일 때 화력조절의 방법			
	육수를 거르는 방법			
	반죽을 만드는 방법			
	반죽을 숙성하여 사용하는 방법			
면 및 만두 조리	계절에 따른 만두와 국수의 종류			
	지역별 메뉴 설명			
면 양념장 및 고명 제조	메뉴에 따른 양념장 설명			
	주로 사용되는 고명 설명			
그릇 선택하기	메뉴별 그릇을 선택하는 방법			
면류 제공하기	양념장을 곁들여 내는 방법			
	고명을 얹어내는 방법			

작업장 평가

학습내용	평가 항목	성취수준		
		상	중	하
면류 재료 준비 및 전처리	재료를 계량하여 준비하는 능력			
	전처리하여 준비하는 능력			
	크기를 조절하여 칼질하는 능력			
면 육수 제조 및 반죽	화력을 조절하는 능력			
	사용 목적에 따라 육수를 보관 숙성하는 능력			
	용도에 맞게 면이나 만두피가 되도록 반죽하는 능력			
면 및 만두 조리	만두를 찌거나 삶는 능력			
	면을 끓여 익히는 능력			
면 양념장 및 고명 제조	양념장을 비율에 맞게 만드는 능력			
	주재료와 어울리는 고명 만드는 능력			
그릇 선택하기	그릇을 음식에 맞게 준비하는 능력			
면류 제공하기	차게 또는 뜨겁게 완성하는 능력			
	고명을 어울리게 얹어 제공하는 능력			
	국물의 양을 적당하게 담아내는 능력			
	양념장을 곁들이거나 담아내는 능력			

학습자 완성품 사진

떡국

재료

- 떡국용 가래떡 250g
- 소고기 양지 50g
- 소고기 우둔 30g
- 달걀 1개
- 대파 40g
- 마늘 5g
- 국간장 1/2작은술
- 김 1장
- 식용유 약간
- 소금 약간

고기양념

- 간장 1작은술
- 설탕 1/3작은술
- 다진 대파 1/2작은술
- 다진 마늘 1/4작은술
- 참기름 1/3작은술
- 참깨 1/3작은술
- 후춧가루 1/5작은술

만드는 법

재료 확인하기

1 떡국용 가래떡, 소고기 양지, 소고기 우둔, 달걀, 김 등의 품질 확인하기

사용할 도구 선택하기

2 냄비, 프라이팬, 나무젓가락 등을 선택하여 준비한다.

재료 계량하기

3 각각의 재료 분량을 컵과 계량스푼, 저울로 계량하기

재료 준비하기

4 떡국용 가래떡은 찬물에 헹군다.
5 소고기 양지는 찬물에 담근다.
6 소고기 우둔은 곱게 다진다.
7 대파는 어슷썰기를 한다.

조리하기

8 핏물을 제거한 소고기 양지머리는 끓는 물에 대파, 마늘을 함께 넣어 끓인다. 소고기가 익으면 삶아 건져 편육으로 하고, 육수는 식혀 기름기를 걸어낸다.
9 달걀은 황·백으로 지단을 부치고 채를 썬다.
10 김은 구워 잘게 부순다.
11 다진 소고기는 고기양념을 하여 볶는다.
12 냄비에 육수를 부어 끓으면 국간장, 소금으로 간을 한다. 떡국용 가래떡을 넣어 끓인다. 떡이 익어 떠오르면 대파를 넣어 맛이 어우러지도록 끓인다.

담아 완성하기

13 떡국의 그릇을 선택한다.
14 그릇에 떡국을 담고 달걀지단과 볶은 소고기, 김가루를 고명으로 얹는다.

| 평가자 체크리스트

학습내용	평가 항목	성취수준		
		상	중	하
면류 재료 준비 및 전처리	면 조리 종류에 따른 재료 준비 방법			
	재료에 따른 계량도구 선택 및 방법			
	재료의 전처리 능력			
면 육수 제조 및 반죽	육수를 끓이는 불 조절 능력			
	육수에 따라 맑게 또는 진하게 만드는 능력			
	반죽을 용도에 따라 만드는 능력			
면 및 만두 조리	불의 세기를 조절하여 익히는 능력			
	면 및 만두에 따라 육수의 양을 조절하는 능력			
면 양념장 및 고명 제조	양념장을 만드는 능력			
	고명을 만드는 능력			
그릇 선택하기	뜨겁고 차가운 메뉴별 그릇을 선택하는 능력			
면류 제공하기	양념장을 얹거나 따로 제공하는 능력			
	고명을 보기 좋게 얹는 능력			
	국물의 양을 조절하여 담는 능력			

| 서술형 시험

학습내용	평가 항목	성취수준		
		상	중	하
면류 재료 준비 및 전처리	메뉴에 따른 재료 준비 방법			
	밀가루의 종류 및 선택하는 방법			
	재료를 손질하여 전처리하는 방법			
면 육수 제조 및 반죽	메뉴와 어울리는 육수를 끓일 때 화력조절의 방법			
	육수를 거르는 방법			
	반죽을 만드는 방법			
	반죽을 숙성하여 사용하는 방법			
면 및 만두 조리	계절에 따른 만두와 국수의 종류			
	지역별 메뉴 설명			
면 양념장 및 고명 제조	메뉴에 따른 양념장 설명			
	주로 사용되는 고명 설명			
그릇 선택하기	메뉴별 그릇을 선택하는 방법			
면류 제공하기	양념장을 곁들여 내는 방법			
	고명을 얹어내는 방법			

작업장 평가

학습내용	평가 항목	성취수준		
		상	중	하
면류 재료 준비 및 전처리	재료를 계량하여 준비하는 능력			
	전처리하여 준비하는 능력			
	크기를 조절하여 칼질하는 능력			
면 육수 제조 및 반죽	화력을 조절하는 능력			
	사용 목적에 따라 육수를 보관 숙성하는 능력			
	용도에 맞게 면이나 만두피가 되도록 반죽하는 능력			
면 및 만두 조리	만두를 찌거나 삶는 능력			
	면을 끓여 익히는 능력			
면 양념장 및 고명 제조	양념장을 비율에 맞게 만드는 능력			
	주재료와 어울리는 고명 만드는 능력			
그릇 선택하기	그릇을 음식에 맞게 준비하는 능력			
면류 제공하기	차게 또는 뜨겁게 완성하는 능력			
	고명을 어울리게 얹어 제공하는 능력			
	국물의 양을 적당하게 담아내는 능력			
	양념장을 곁들이거나 담아내는 능력			

학습자 완성품 사진

생떡국

재료

- 젖은 멥쌀가루(방앗간용) 250g
- 사골 250g
- 소고기 양지머리 100g
- 물
- 국간장 약간
- 소금 약간
- 후춧가루 약간
- 다진 마늘 1작은술
- 달걀 1개
- 식용유 약간

만드는 법

재료 확인하기
1 멥쌀가루, 사골, 양지, 달걀 등의 품질 확인하기

사용할 도구 선택하기
2 냄비, 프라이팬, 나무젓가락 등을 선택하여 준비한다.

재료 계량하기
3 각각의 재료 분량을 컵과 계량스푼, 저울로 계량하기

재료 준비하기
4 사골, 양지머리는 찬물에 담근다.
5 멥쌀가루는 체에 내려 끓는 물로 익반죽을 한다. 둥글고 길게 가래떡처럼 만들어 1.5cm로 썰고 동전크기로 둥글고 넓적하게 모양을 빚는다.
6 대파는 어슷썰기를 한다.

조리하기
7 끓는 물에 사골, 양지머리를 넣어 한소끔 끓으면 찬물에 헹군다. 냄비에 찬물을 넉넉히 부어 사골, 양지머리를 넣어 펄펄 끓이고, 양지머리는 40분간 삶아 건져 편육으로 썬다. 사골은 국물이 우러나도록 계속 끓인다.
8 달걀은 황·백으로 지단을 하여 마름모로 썬다.
9 냄비에 육수를 끓이고 다진 마늘, 국간장, 소금, 후춧가루로 간을 한다. 생떡을 넣어 끓인다. 어슷썬 대파를 넣어 한소끔 더 끓인다.

담아 완성하기
10 생떡국의 그릇을 선택한다.
11 그릇에 생떡국을 담고 편육과 달걀지단을 고명으로 얹는다.

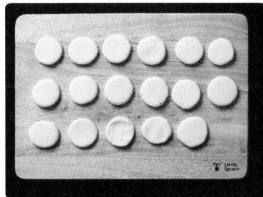

학습
평가

평가자 체크리스트

학습내용	평가 항목	성취수준		
		상	중	하
면류 재료 준비 및 전처리	면 조리 종류에 따른 재료 준비 방법			
	재료에 따른 계량도구 선택 및 방법			
	재료의 전처리 능력			
면 육수 제조 및 반죽	육수를 끓이는 불 조절 능력			
	육수에 따라 맑게 또는 진하게 만드는 능력			
	반죽을 용도에 따라 만드는 능력			
면 및 만두 조리	불의 세기를 조절하여 익히는 능력			
	면 및 만두에 따라 육수의 양을 조절하는 능력			
면 양념장 및 고명 제조	양념장을 만드는 능력			
	고명을 만드는 능력			
그릇 선택하기	뜨겁고 차가운 메뉴별 그릇을 선택하는 능력			
면류 제공하기	양념장을 얹거나 따로 제공하는 능력			
	고명을 보기 좋게 얹는 능력			
	국물의 양을 조절하여 담는 능력			

서술형 시험

학습내용	평가 항목	성취수준		
		상	중	하
면류 재료 준비 및 전처리	메뉴에 따른 재료 준비 방법			
	밀가루의 종류 및 선택하는 방법			
	재료를 손질하여 전처리하는 방법			
면 육수 제조 및 반죽	메뉴와 어울리는 육수를 끓일 때 화력조절의 방법			
	육수를 거르는 방법			
	반죽을 만드는 방법			
	반죽을 숙성하여 사용하는 방법			
면 및 만두 조리	계절에 따른 만두와 국수의 종류			
	지역별 메뉴 설명			
면 양념장 및 고명 제조	메뉴에 따른 양념장 설명			
	주로 사용되는 고명 설명			
그릇 선택하기	메뉴별 그릇을 선택하는 방법			
면류 제공하기	양념장을 곁들여 내는 방법			
	고명을 얹어내는 방법			

작업장 평가

학습내용	평가 항목	성취수준		
		상	중	하
면류 재료 준비 및 전처리	재료를 계량하여 준비하는 능력			
	전처리하여 준비하는 능력			
	크기를 조절하여 칼질하는 능력			
면 육수 제조 및 반죽	화력을 조절하는 능력			
	사용 목적에 따라 육수를 보관 숙성하는 능력			
	용도에 맞게 면이나 만두피가 되도록 반죽하는 능력			
면 및 만두 조리	만두를 찌거나 삶는 능력			
	면을 끓여 익히는 능력			
면 양념장 및 고명 제조	양념장을 비율에 맞게 만드는 능력			
	주재료와 어울리는 고명 만드는 능력			
그릇 선택하기	그릇을 음식에 맞게 준비하는 능력			
면류 제공하기	차게 또는 뜨겁게 완성하는 능력			
	고명을 어울리게 얹어 제공하는 능력			
	국물의 양을 적당하게 담아내는 능력			
	양념장을 곁들이거나 담아내는 능력			

학습자 완성품 사진

조랭이떡국

재료

- 젖은 멥쌀가루(방앗간용) 250g
- 사골 250g
- 소고기 양지머리 100g
- 물
- 국간장 약간
- 소금 약간
- 후춧가루 약간
- 다진 마늘 1작은술
- 달걀 1개
- 식용유 약간
- 산적꼬치 1개

만드는 법

재료 확인하기
1 멥쌀가루, 사골, 양지, 달걀, 산적꼬치 등의 품질 확인하기

사용할 도구 선택하기
2 냄비, 프라이팬, 나무젓가락 등을 선택하여 준비한다.

재료 계량하기
3 각각의 재료 분량을 컵과 계량스푼, 저울로 계량하기

재료 준비하기
4 사골, 양지머리는 찬물에 담근다.
5 멥쌀가루는 물 3~4큰술을 넣어 손으로 비벼 체에 내린다.
6 대파는 어슷썰기를 한다.

조리하기
7 끓는 물에 사골, 양지머리를 넣어 한소끔 끓으면 찬물에 헹군다. 냄비에 찬물을 넉넉히 넣어 사골, 양지머리를 넣어 펄펄 끓이고, 양지머리는 40분 삶아 건져 산적을 만든다. 사골은 국물이 우러나도록 계속 끓인다.
8 달걀은 황·백으로 지단을 하여 마름모로 썬다.
9 김이 오른 찜기에 멥쌀가루를 25분 찌고 불에서 내려 5분간 뜸을 들인다. 절구에 쪄진 멥쌀을 넣고 소금물을 묻혀가며 차지게 될 때까지 친다. 지름 1.5cm로 둥글고 길게 만든 다음 나무칼이나 굵은 나무젓가락으로 비벼서 썰어 조랭이떡을 만든다.
10 냄비에 육수를 끓이고 다진 마늘, 국간장, 소금, 후춧가루로 간을 한다. 조랭이떡을 넣어 끓인다. 어슷썬 대파를 넣어 한소끔 더 끓인다.

담아 완성하기
11 생떡국의 그릇을 선택한다.
12 그릇에 생떡국을 담고 산적과 달걀지단을 고명으로 얹는다.

학습 평가

평가자 체크리스트

학습내용	평가 항목	성취수준		
		상	중	하
면류 재료 준비 및 전처리	면 조리 종류에 따른 재료 준비 방법			
	재료에 따른 계량도구 선택 및 방법			
	재료의 전처리 능력			
면 육수 제조 및 반죽	육수를 끓이는 불 조절 능력			
	육수에 따라 맑게 또는 진하게 만드는 능력			
	반죽을 용도에 따라 만드는 능력			
면 및 만두 조리	불의 세기를 조절하여 익히는 능력			
	면 및 만두에 따라 육수의 양을 조절하는 능력			
면 양념장 및 고명 제조	양념장을 만드는 능력			
	고명을 만드는 능력			
그릇 선택하기	뜨겁고 차가운 메뉴별 그릇을 선택하는 능력			
면류 제공하기	양념장을 얹거나 따로 제공하는 능력			
	고명을 보기 좋게 얹는 능력			
	국물의 양을 조절하여 담는 능력			

서술형 시험

학습내용	평가 항목	성취수준		
		상	중	하
면류 재료 준비 및 전처리	메뉴에 따른 재료 준비 방법			
	밀가루의 종류 및 선택하는 방법			
	재료를 손질하여 전처리하는 방법			
면 육수 제조 및 반죽	메뉴와 어울리는 육수를 끓일 때 화력조절의 방법			
	육수를 거르는 방법			
	반죽을 만드는 방법			
	반죽을 숙성하여 사용하는 방법			
면 및 만두 조리	계절에 따른 만두와 국수의 종류			
	지역별 메뉴 설명			
면 양념장 및 고명 제조	메뉴에 따른 양념장 설명			
	주로 사용되는 고명 설명			
그릇 선택하기	메뉴별 그릇을 선택하는 방법			
면류 제공하기	양념장을 곁들여 내는 방법			
	고명을 얹어내는 방법			

작업장 평가

학습내용	평가 항목	성취수준		
		상	중	하
면류 재료 준비 및 전처리	재료를 계량하여 준비하는 능력			
	전처리하여 준비하는 능력			
	크기를 조절하여 칼질하는 능력			
면 육수 제조 및 반죽	화력을 조절하는 능력			
	사용 목적에 따라 육수를 보관 숙성하는 능력			
	용도에 맞게 면이나 만두피가 되도록 반죽하는 능력			
면 및 만두 조리	만두를 찌거나 삶는 능력			
	면을 끓여 익히는 능력			
면 양념장 및 고명 제조	양념장을 비율에 맞게 만드는 능력			
	주재료와 어울리는 고명 만드는 능력			
그릇 선택하기	그릇을 음식에 맞게 준비하는 능력			
면류 제공하기	차게 또는 뜨겁게 완성하는 능력			
	고명을 어울리게 얹어 제공하는 능력			
	국물의 양을 적당하게 담아내는 능력			
	양념장을 곁들이거나 담아내는 능력			

학습자 완성품 사진

비빔국수

재료

- 소면 70g
- 소고기(살코기) 30g
- 건표고버섯(지름 5cm정도, 물에 불린 것, 부서지지 않은 것) 1개
- 석이버섯(마른 것, 부서지지 않은 것) 1장(5g)
- 오이(가늘고 곧은 것, 20cm정도) 1/4개
- 달걀 1개
- 실고추(길이 10cm, 1~2줄기) 1g
- 진간장 5ml
- 대파(흰 부분, 4cm) 1토막
- 마늘(깐 것) 2쪽
- 깨소금 5g
- 소금(정제염) 10g
- 참기름 10ml
- 검은후춧가루 1g
- 백설탕 5g
- 식용유 20ml

만드는 법

재료 확인하기
1 소면, 소고기, 마른 표고버섯, 석이버섯, 오이 등의 품질 확인하기

사용할 도구 선택하기
2 냄비, 프라이팬, 나무젓가락 등을 선택하여 준비한다.

재료 계량하기
3 각각의 재료 분량을 컵과 계량스푼, 저울로 계량하기

재료 준비하기
4 대파, 마늘은 곱게 다진다.
5 소고기는 0.3cm×0.3cm×5cm로 채를 썬다.
6 마른 표고는 미지근한 물에 불려서 0.3cm×0.3cm×5cm로 채를 썬다.
7 오이는 소금으로 문질러 씻어서 돌려깎은 다음 0.3cm×0.3cm× 5cm로 채를 썬다. 소금에 살짝 절인다.
8 달걀은 황·백지단을 하여 0.2cm×0.2cm×5cm로 채를 썬다.
9 실고추는 2cm 길이로 자른다.
10 석이버섯은 0.2cm 두께로 채를 썬다.

조리하기
11 썬 소고기와 표고버섯은 간장, 다진 대파, 다진 마늘, 참기름을 넣고 버무려 달구어진 팬에 식용유를 두르고 볶는다.
12 석이버섯은 참기름에 소금간을 하여 볶는다.
13 절인 오이는 다진 대파, 다진 마늘을 넣고 버무려 달구어진 팬에 식용유를 두르고 볶는다.
14 냄비에 물을 넉넉히 하여 국수를 삶는다. 삶아진 국수에 간장, 참기름으로 버무린다. 소고기, 표고버섯, 오이 볶은 것과 한번 더 버무린다.

담아 완성하기
15 비빔국수의 그릇을 선택한다.
16 그릇에 보기 좋게 비벼 놓은 국수를 담고, 황·백지단과 석이버섯, 실고추를 고명으로 얹는다.

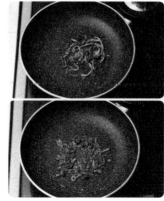

학습
평가

| 평가자 체크리스트

학습내용	평가 항목	성취수준		
		상	중	하
면류 재료 준비 및 전처리	면 조리 종류에 따른 재료 준비 방법			
	재료에 따른 계량도구 선택 및 방법			
	재료의 전처리 능력			
면 육수 제조 및 반죽	육수를 끓이는 불 조절 능력			
	육수에 따라 맑게 또는 진하게 만드는 능력			
	반죽을 용도에 따라 만드는 능력			
면 및 만두 조리	불의 세기를 조절하여 익히는 능력			
	면 및 만두에 따라 육수의 양을 조절하는 능력			
면 양념장 및 고명 제조	양념장을 만드는 능력			
	고명을 만드는 능력			
그릇 선택하기	뜨겁고 차가운 메뉴별 그릇을 선택하는 능력			
면류 제공하기	양념장을 얹거나 따로 제공하는 능력			
	고명을 보기 좋게 얹는 능력			
	국물의 양을 조절하여 담는 능력			

| 서술형 시험

학습내용	평가 항목	성취수준		
		상	중	하
면류 재료 준비 및 전처리	메뉴에 따른 재료 준비 방법			
	밀가루의 종류 및 선택하는 방법			
	재료를 손질하여 전처리하는 방법			
면 육수 제조 및 반죽	메뉴와 어울리는 육수를 끓일 때 화력조절의 방법			
	육수를 거르는 방법			
	반죽을 만드는 방법			
	반죽을 숙성하여 사용하는 방법			
면 및 만두 조리	계절에 따른 만두와 국수의 종류			
	지역별 메뉴 설명			
면 양념장 및 고명 제조	메뉴에 따른 양념장 설명			
	주로 사용되는 고명 설명			
그릇 선택하기	메뉴별 그릇을 선택하는 방법			
면류 제공하기	양념장을 곁들여 내는 방법			
	고명을 얹어내는 방법			

작업장 평가

학습내용	평가 항목	성취수준		
		상	중	하
면류 재료 준비 및 전처리	재료를 계량하여 준비하는 능력			
	전처리하여 준비하는 능력			
	크기를 조절하여 칼질하는 능력			
면 육수 제조 및 반죽	화력을 조절하는 능력			
	사용 목적에 따라 육수를 보관 숙성하는 능력			
	용도에 맞게 면이나 만두피가 되도록 반죽하는 능력			
면 및 만두 조리	만두를 찌거나 삶는 능력			
	면을 끓여 익히는 능력			
면 양념장 및 고명 제조	양념장을 비율에 맞게 만드는 능력			
	주재료와 어울리는 고명 만드는 능력			
그릇 선택하기	그릇을 음식에 맞게 준비하는 능력			
면류 제공하기	차게 또는 뜨겁게 완성하는 능력			
	고명을 어울리게 얹어 제공하는 능력			
	국물의 양을 적당하게 담아내는 능력			
	양념장을 곁들이거나 담아내는 능력			

학습자 완성품 사진

국수장국

재료

- 소면 80g
- 소고기(살코기) 50g
- 달걀 1개
- 애호박(중, 길이 6cm) 60g
- 석이버섯(마른것, 부서지지 않은 것, 잎이 넓은 것 1장) 5g
- 실고추(길이 10cm, 1~2줄기) 1g
- 식용유 5ml
- 참기름 5ml
- 소금(정제염) 5g
- 진간장 10ml
- 대파(흰 부분 4cm정도) 1토막
- 마늘(중, 깐 것) 1쪽

만드는 법

재료 확인하기
1 소면, 소고기, 마른 석이버섯, 애호박 등의 품질 확인하기

사용할 도구 선택하기
2 냄비, 프라이팬, 나무젓가락 등을 선택하여 준비한다.

재료 계량하기
3 각각의 재료 분량을 컵과 계량스푼, 저울로 계량하기

재료 준비하기
4 대파, 마늘은 곱게 다진다.
5 소고기 30g은 찬물에 담근다.
6 애호박은 0.3cm×0.3cm×5cm로 채 썰어 소금에 절인다.
7 실고추는 2cm 길이로 자른다.
8 석이버섯은 0.2cm 두께로 채 썬다.
9 달걀은 황·백지단을 하여 0.2cm×0.2cm×5cm로 썬다.

조리하기
10 냄비에 물, 소고기를 넣어 육수를 끓이고 고운체에 걸러 간장으로 색을 내고 소금으로 간을 한다.
11 삶은 고기는 0.3cm×0.3cm×5cm로 채를 썬다.
12 석이버섯은 팬에 참기름을 두르고 소금으로 간을 하여 볶는다.
13 절인 호박은 다진 대파, 다진 마늘을 넣어 달구어진 팬에 식용유를 두르고 볶는다.
14 냄비에 물을 넉넉히 하여 국수를 삶는다.

담아 완성하기
15 국수장국의 그릇을 선택한다.
16 그릇에 보기 좋게 국수를 담고, 소고기, 애호박, 황·백지단과 석이버섯, 실고추를 고명으로 얹는다. 국물은 국수의 1.5배를 담는다.

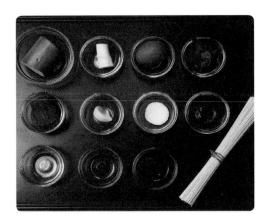

학습 평가

평가자 체크리스트

학습내용	평가 항목	성취수준		
		상	중	하
면류 재료 준비 및 전처리	면 조리 종류에 따른 재료 준비 방법			
	재료에 따른 계량도구 선택 및 방법			
	재료의 전처리 능력			
면 육수 제조 및 반죽	육수를 끓이는 불 조절 능력			
	육수에 따라 맑게 또는 진하게 만드는 능력			
	반죽을 용도에 따라 만드는 능력			
면 및 만두 조리	불의 세기를 조절하여 익히는 능력			
	면 및 만두에 따라 육수의 양을 조절하는 능력			
면 양념장 및 고명 제조	양념장을 만드는 능력			
	고명을 만드는 능력			
그릇 선택하기	뜨겁고 차가운 메뉴별 그릇을 선택하는 능력			
면류 제공하기	양념장을 얹거나 따로 제공하는 능력			
	고명을 보기 좋게 얹는 능력			
	국물의 양을 조절하여 담는 능력			

서술형 시험

학습내용	평가 항목	성취수준		
		상	중	하
면류 재료 준비 및 전처리	메뉴에 따른 재료 준비 방법			
	밀가루의 종류 및 선택하는 방법			
	재료를 손질하여 전처리하는 방법			
면 육수 제조 및 반죽	메뉴와 어울리는 육수를 끓일 때 화력조절의 방법			
	육수를 거르는 방법			
	반죽을 만드는 방법			
	반죽을 숙성하여 사용하는 방법			
면 및 만두 조리	계절에 따른 만두와 국수의 종류			
	지역별 메뉴 설명			
면 양념장 및 고명 제조	메뉴에 따른 양념장 설명			
	주로 사용되는 고명 설명			
그릇 선택하기	메뉴별 그릇을 선택하는 방법			
면류 제공하기	양념장을 곁들여 내는 방법			
	고명을 얹어내는 방법			

작업장 평가

학습내용	평가 항목	성취수준		
		상	중	하
면류 재료 준비 및 전처리	재료를 계량하여 준비하는 능력			
	전처리하여 준비하는 능력			
	크기를 조절하여 칼질하는 능력			
면 육수 제조 및 반죽	화력을 조절하는 능력			
	사용 목적에 따라 육수를 보관 숙성하는 능력			
	용도에 맞게 면이나 만두피가 되도록 반죽하는 능력			
면 및 만두 조리	만두를 찌거나 삶는 능력			
	면을 끓여 익히는 능력			
면 양념장 및 고명 제조	양념장을 비율에 맞게 만드는 능력			
	주재료와 어울리는 고명 만드는 능력			
그릇 선택하기	그릇을 음식에 맞게 준비하는 능력			
면류 제공하기	차게 또는 뜨겁게 완성하는 능력			
	고명을 어울리게 얹어 제공하는 능력			
	국물의 양을 적당하게 담아내는 능력			
	양념장을 곁들이거나 담아내는 능력			

학습자 완성품 사진

칼국수

- 밀가루(중력분) 100g
- 멸치(대, 장국용) 20g
- 애호박(중, 길이 6cm) 60g
- 건표고버섯(지름 5cm정도, 물에 불린 것, 부서지지 않은 것) 1개
- 실고추(길이 10cm, 1~2줄기) 1g
- 마늘(중, 깐 것) 1쪽
- 대파(흰 부분 4cm정도) 1토막
- 식용유 10ml
- 소금(정제염) 5g
- 진간장 5ml
- 참기름 5ml
- 백설탕 5g

만드는 법

재료 확인하기
1 밀가루, 멸치, 애호박, 마른 표고버섯, 실고추, 마늘, 대파 등의 품질 확인하기

사용할 도구 선택하기
2 냄비, 프라이팬, 나무젓가락 등을 선택하여 준비한다.

재료 계량하기
3 각각의 재료 분량을 컵과 계량스푼, 저울로 계량하기

재료 준비하기
4 밀가루는 덧가루를 남기고 반죽을 하여 두께 0.2cm, 폭 0.3cm가 되도록 칼국수를 만든다.
5 대파, 마늘은 곱게 다진다.
6 애호박을 돌려깎기를 하고 채 썰어 소금에 절인다.
7 마른 표고버섯은 미지근한 물에 불려 곱게 채를 썬다.
8 실고추는 3cm 길이로 자른다.
9 멸치는 아가미와 내장을 제거한다.

조리하기
10 냄비에 내장을 제거한 멸치를 볶다가 물 3컵, 마늘, 대파를 넣어 10분간 끓인다. 고운체에 걸러 간장, 소금으로 간을 한다.
11 절인 애호박은 물기를 제거하고 달구어진 팬에 식용유를 두르고 볶는다.
12 채 썬 표고버섯은 간장, 설탕, 다진 대파, 다진 마늘, 참기름, 참깨를 넣고 버무려 달구어진 팬에 식용유를 두르고 볶는다.
13 냄비에 육수가 끓으면 칼국수를 넣어 끓인다.

담아 완성하기
14 칼국수의 그릇을 선택한다.
15 그릇에 칼국수를 담는다. 애호박, 표고버섯, 실고추를 고명으로 얹는다.

학습
평가

▌평가자 체크리스트

학습내용	평가 항목	성취수준		
		상	중	하
면류 재료 준비 및 전처리	면 조리 종류에 따른 재료 준비 방법			
	재료에 따른 계량도구 선택 및 방법			
	재료의 전처리 능력			
면 육수 제조 및 반죽	육수를 끓이는 불 조절 능력			
	육수에 따라 맑게 또는 진하게 만드는 능력			
	반죽을 용도에 따라 만드는 능력			
면 및 만두 조리	불의 세기를 조절하여 익히는 능력			
	면 및 만두에 따라 육수의 양을 조절하는 능력			
면 양념장 및 고명 제조	양념장을 만드는 능력			
	고명을 만드는 능력			
그릇 선택하기	뜨겁고 차가운 메뉴별 그릇을 선택하는 능력			
면류 제공하기	양념장을 얹거나 따로 제공하는 능력			
	고명을 보기 좋게 얹는 능력			
	국물의 양을 조절하여 담는 능력			

▌서술형 시험

학습내용	평가 항목	성취수준		
		상	중	하
면류 재료 준비 및 전처리	메뉴에 따른 재료 준비 방법			
	밀가루의 종류 및 선택하는 방법			
	재료를 손질하여 전처리하는 방법			
면 육수 제조 및 반죽	메뉴와 어울리는 육수를 끓일 때 화력조절의 방법			
	육수를 거르는 방법			
	반죽을 만드는 방법			
	반죽을 숙성하여 사용하는 방법			
면 및 만두 조리	계절에 따른 만두와 국수의 종류			
	지역별 메뉴 설명			
면 양념장 및 고명 제조	메뉴에 따른 양념장 설명			
	주로 사용되는 고명 설명			
그릇 선택하기	메뉴별 그릇을 선택하는 방법			
면류 제공하기	양념장을 곁들여 내는 방법			
	고명을 얹어내는 방법			

작업장 평가

학습내용	평가 항목	성취수준		
		상	중	하
면류 재료 준비 및 전처리	재료를 계량하여 준비하는 능력			
	전처리하여 준비하는 능력			
	크기를 조절하여 칼질하는 능력			
면 육수 제조 및 반죽	화력을 조절하는 능력			
	사용 목적에 따라 육수를 보관 숙성하는 능력			
	용도에 맞게 면이나 만두피가 되도록 반죽하는 능력			
면 및 만두 조리	만두를 찌거나 삶는 능력			
	면을 끓여 익히는 능력			
면 양념장 및 고명 제조	양념장을 비율에 맞게 만드는 능력			
	주재료와 어울리는 고명 만드는 능력			
그릇 선택하기	그릇을 음식에 맞게 준비하는 능력			
면류 제공하기	차게 또는 뜨겁게 완성하는 능력			
	고명을 어울리게 얹어 제공하는 능력			
	국물의 양을 적당하게 담아내는 능력			
	양념장을 곁들이거나 담아내는 능력			

학습자 완성품 사진

만둣국

재료

- 밀가루(중력분) 60g
- 소고기(살코기) 60g
- 두부 50g
- 숙주(생 것) 30g
- 배추김치 40g
- 달걀 1개
- 미나리(줄기부분) 20g
- 대파(흰 부분 4cm) 1토막
- 마늘(중, 깐 것) 2쪽
- 소금(정제염) 5g
- 검은후춧가루 2g
- 식용유 5ml
- 깨소금 5g
- 참기름 10ml
- 국간장 5ml
- 산적꼬치 1개

만드는 법

재료 확인하기
1 밀가루, 소고기, 두부, 숙주, 배추김치, 달걀, 대파 등의 품질 확인하기

사용할 도구 선택하기
2 냄비, 프라이팬, 나무젓가락 등을 선택하여 준비한다.

재료 계량하기
3 각각의 재료 분량을 컵과 계량스푼, 저울로 계량하기

재료 준비하기
4 대파, 마늘은 곱게 다진다.
5 밀가루 3큰술을 덧가루로 남기고 밀가루, 물, 소금을 혼합하여 만두반
   죽을 한다. 만두피는 8cm 지름으로 만든다.
6 소고기 30g은 찬물에 담가 핏물을 뺀다.
7 소고기 30g은 곱게 다진다.
8 숙주는 깨끗하게 씻는다.
9 배추김치는 속을 털어내고 송송 썰어 국물을 짠다.
10 두부는 물기를 제거하고 으깬다.
11 미나리는 잎을 제거하고 산적꼬치에 초대용으로 준비한다.

조리하기
12 냄비에 물 3컵, 소고기, 대파, 마늘을 넣어 육수를 끓인다. 고기는 건져
   편으로 썬다. 육수는 면포에 거르고 국간장, 소금으로 간을 한다.
13 다진 고기는 핏물을 제거하고 다진 대파, 다진 마늘, 후춧가루, 참기
   름, 깨소금, 소금 간을 한다.
14 숙주는 끓는 소금물에 데쳐서 송송 썰고 물기를 꼭 짠다.
15 달걀은 황·백으로 갈라 체에 내리고, 소금 간을 한 후 미나리 초대를
   먼저 하고 남은 달걀로 지단을 부친다. 황·백지단과 미나리초대는 마
   름모로 썬다.
16 소고기양념한 것, 으깬 두부, 손질한 숙주, 송송 썬 배추김치를 한데
   모아 다진 대파, 다진 마늘, 참기름, 깨소금, 소금으로 버무려 만두소
   를 만든다.
17 만두피에 만두 속재료를 넣어 만두 5개를 빚는다.
18 냄비에 준비된 육수가 끓으면 빚은 만두를 넣어 중불에서 끓인다.

담아 완성하기
19 만둣국의 그릇을 선택한다.
20 그릇에 만둣국을 담는다. 황·백지단과 미나리 초대를 고명으로 한다.

| 평가자 체크리스트

학습내용	평가 항목	성취수준		
		상	중	하
면류 재료 준비 및 전처리	면 조리 종류에 따른 재료 준비 방법			
	재료에 따른 계량도구 선택 및 방법			
	재료의 전처리 능력			
면 육수 제조 및 반죽	육수를 끓이는 불 조절 능력			
	육수에 따라 맑게 또는 진하게 만드는 능력			
	반죽을 용도에 따라 만드는 능력			
면 및 만두 조리	불의 세기를 조절하여 익히는 능력			
	면 및 만두에 따라 육수의 양을 조절하는 능력			
면 양념장 및 고명 제조	양념장을 만드는 능력			
	고명을 만드는 능력			
그릇 선택하기	뜨겁고 차가운 메뉴별 그릇을 선택하는 능력			
면류 제공하기	양념장을 얹거나 따로 제공하는 능력			
	고명을 보기 좋게 얹는 능력			
	국물의 양을 조절하여 담는 능력			

| 서술형 시험

학습내용	평가 항목	성취수준		
		상	중	하
면류 재료 준비 및 전처리	메뉴에 따른 재료 준비 방법			
	밀가루의 종류 및 선택하는 방법			
	재료를 손질하여 전처리하는 방법			
면 육수 제조 및 반죽	메뉴와 어울리는 육수를 끓일 때 화력조절의 방법			
	육수를 거르는 방법			
	반죽을 만드는 방법			
	반죽을 숙성하여 사용하는 방법			
면 및 만두 조리	계절에 따른 만두와 국수의 종류			
	지역별 메뉴 설명			
면 양념장 및 고명 제조	메뉴에 따른 양념장 설명			
	주로 사용되는 고명 설명			
그릇 선택하기	메뉴별 그릇을 선택하는 방법			
면류 제공하기	양념장을 곁들여 내는 방법			
	고명을 얹어내는 방법			

작업장 평가

학습내용	평가 항목	성취수준		
		상	중	하
면류 재료 준비 및 전처리	재료를 계량하여 준비하는 능력			
	전처리하여 준비하는 능력			
	크기를 조절하여 칼질하는 능력			
면 육수 제조 및 반죽	화력을 조절하는 능력			
	사용 목적에 따라 육수를 보관 숙성하는 능력			
	용도에 맞게 면이나 만두피가 되도록 반죽하는 능력			
면 및 만두 조리	만두를 찌거나 삶는 능력			
	면을 끓여 익히는 능력			
면 양념장 및 고명 제조	양념장을 비율에 맞게 만드는 능력			
	주재료와 어울리는 고명 만드는 능력			
그릇 선택하기	그릇을 음식에 맞게 준비하는 능력			
면류 제공하기	차게 또는 뜨겁게 완성하는 능력			
	고명을 어울리게 얹어 제공하는 능력			
	국물의 양을 적당하게 담아내는 능력			
	양념장을 곁들이거나 담아내는 능력			

학습자 완성품 사진

▍일일 개인위생 점검표(입실준비)

점검일 : 년 월 일 이름 :				
점검 항목	착용 및 실시 여부	점검결과		
		양호	보통	미흡
조리모				
두발의 형태에 따른 손질(머리망 등)				
조리복 상의				
조리복 바지				
앞치마				
스카프				
안전화				
손톱의 길이 및 매니큐어 여부				
반지, 시계, 팔찌 등				
짙은 화장				
향수				
손 씻기				
상처유무 및 적절한 조치				
흰색 행주 지참				
사이드 타월				
개인용 조리도구				

▍일일 위생 점검표(퇴실준비)

점검일 : 년 월 일 이름 :				
점검 항목	착용 및 실시 여부	점검결과		
		양호	보통	미흡
그릇, 기물 세척 및 정리정돈				
기계, 도구, 장비 세척 및 정리정돈				
작업대 청소 및 물기 제거				
가스레인지 또는 인덕션 청소				
양념통 정리				
남은 재료 정리정돈				
음식 쓰레기 처리				
개수대 청소				
수도 주변 및 세제 관리				
바닥 청소				
청소도구 정리정돈				
전기 및 Gas 체크				

일일 개인위생 점검표(입실준비)

점검일 : 년 월 일 이름 :				
점검 항목	착용 및 실시 여부	점검결과		
		양호	보통	미흡
조리모				
두발의 형태에 따른 손질(머리망 등)				
조리복 상의				
조리복 바지				
앞치마				
스카프				
안전화				
손톱의 길이 및 매니큐어 여부				
반지, 시계, 팔찌 등				
짙은 화장				
향수				
손 씻기				
상처유무 및 적절한 조치				
흰색 행주 지참				
사이드 타월				
개인용 조리도구				

일일 위생 점검표(퇴실준비)

점검일 : 년 월 일 이름 :				
점검 항목	착용 및 실시 여부	점검결과		
		양호	보통	미흡
그릇, 기물 세척 및 정리정돈				
기계, 도구, 장비 세척 및 정리정돈				
작업대 청소 및 물기 제거				
가스레인지 또는 인덕션 청소				
양념통 정리				
남은 재료 전리정돈				
음식 쓰레기 처리				
개수대 청소				
수도 주변 및 세제 관리				
바닥 청소				
청소도구 정리정돈				
전기 및 Gas 체크				

일일 개인위생 점검표(입실준비)

점검일 : 년 월 일 이름 :				
점검 항목	착용 및 실시 여부	점검결과		
		양호	보통	미흡
조리모				
두발의 형태에 따른 손질(머리망 등)				
조리복 상의				
조리복 바지				
앞치마				
스카프				
안전화				
손톱의 길이 및 매니큐어 여부				
반지, 시계, 팔찌 등				
짙은 화장				
향수				
손 씻기				
상처유무 및 적절한 조치				
흰색 행주 지참				
사이드 타월				
개인용 조리도구				

일일 위생 점검표(퇴실준비)

점검일 : 년 월 일 이름 :				
점검 항목	착용 및 실시 여부	점검결과		
		양호	보통	미흡
그릇, 기물 세척 및 정리정돈				
기계, 도구, 장비 세척 및 정리정돈				
작업대 청소 및 물기 제거				
가스레인지 또는 인덕션 청소				
양념통 정리				
남은 재료 정리정돈				
음식 쓰레기 처리				
개수대 청소				
수도 주변 및 세제 관리				
바닥 청소				
청소도구 정리정돈				
전기 및 Gas 체크				

일일 개인위생 점검표(입실준비)

점검 항목	착용 및 실시 여부	점검결과		
		양호	보통	미흡
조리모				
두발의 형태에 따른 손질(머리망 등)				
조리복 상의				
조리복 바지				
앞치마				
스카프				
안전화				
손톱의 길이 및 매니큐어 여부				
반지, 시계, 팔찌 등				
짙은 화장				
향수				
손 씻기				
상처유무 및 적절한 조치				
흰색 행주 지참				
사이드 타월				
개인용 조리도구				

점검일 : 　 년 　 월 　 일 　 이름 :

일일 위생 점검표(퇴실준비)

점검 항목	착용 및 실시 여부	점검결과		
		양호	보통	미흡
그릇, 기물 세척 및 정리정돈				
기계, 도구, 장비 세척 및 정리정돈				
작업대 청소 및 물기 제거				
가스레인지 또는 인덕션 청소				
양념통 정리				
남은 재료 정리정돈				
음식 쓰레기 처리				
개수대 청소				
수도 주변 및 세제 관리				
바닥 청소				
청소도구 정리정돈				
전기 및 Gas 체크				

점검일 : 　 년 　 월 　 일 　 이름 :

일일 개인위생 점검표(입실준비)

점검 항목	착용 및 실시 여부	점검결과		
		양호	보통	미흡
조리모				
두발의 형태에 따른 손질(머리망 등)				
조리복 상의				
조리복 바지				
앞치마				
스카프				
안전화				
손톱의 길이 및 매니큐어 여부				
반지, 시계, 팔찌 등				
짙은 화장				
향수				
손 씻기				
상처유무 및 적절한 조치				
흰색 행주 지참				
사이드 타월				
개인용 조리도구				

점검일 :   년   월   일   이름 :

일일 위생 점검표(퇴실준비)

점검 항목	착용 및 실시 여부	점검결과		
		양호	보통	미흡
그릇, 기물 세척 및 정리정돈				
기계, 도구, 장비 세척 및 정리정돈				
작업대 청소 및 물기 제거				
가스레인지 또는 인덕션 청소				
양념통 정리				
남은 재료 정리정돈				
음식 쓰레기 처리				
개수대 청소				
수도 주변 및 세제 관리				
바닥 청소				
청소도구 정리정돈				
전기 및 Gas 체크				

점검일 :   년   월   일   이름 :

| 일일 개인위생 점검표(입실준비)

점검일 : 년 월 일 이름 :				
점검 항목	착용 및 실시 여부	점검결과		
		양호	보통	미흡
조리모				
두발의 형태에 따른 손질(머리망 등)				
조리복 상의				
조리복 바지				
앞치마				
스카프				
안전화				
손톱의 길이 및 매니큐어 여부				
반지, 시계, 팔찌 등				
짙은 화장				
향수				
손 씻기				
상처유무 및 적절한 조치				
흰색 행주 지참				
사이드 타월				
개인용 조리도구				

| 일일 위생 점검표(퇴실준비)

점검일 : 년 월 일 이름 :				
점검 항목	착용 및 실시 여부	점검결과		
		양호	보통	미흡
그릇, 기물 세척 및 정리정돈				
기계, 도구, 장비 세척 및 정리정돈				
작업대 청소 및 물기 제거				
가스레인지 또는 인덕션 청소				
양념통 정리				
남은 재료 정리정돈				
음식 쓰레기 처리				
개수대 청소				
수도 주변 및 세제 관리				
바닥 청소				
청소도구 정리정돈				
전기 및 Gas 체크				

일일 개인위생 점검표(입실준비)

점검일 : 년 월 일 이름 :				
점검 항목	착용 및 실시 여부	점검결과		
		양호	보통	미흡
조리모				
두발의 형태에 따른 손질(머리망 등)				
조리복 상의				
조리복 바지				
앞치마				
스카프				
안전화				
손톱의 길이 및 매니큐어 여부				
반지, 시계, 팔찌 등				
짙은 화장				
향수				
손 씻기				
상처유무 및 적절한 조치				
흰색 행주 지참				
사이드 타월				
개인용 조리도구				

일일 위생 점검표(퇴실준비)

점검일 : 년 월 일 이름 :				
점검 항목	착용 및 실시 여부	점검결과		
		양호	보통	미흡
그릇, 기물 세척 및 정리정돈				
기계, 도구, 장비 세척 및 정리정돈				
작업대 청소 및 물기 제거				
가스레인지 또는 인덕션 청소				
양념통 정리				
남은 재료 정리정돈				
음식 쓰레기 처리				
개수대 청소				
수도 주변 및 세제 관리				
바닥 청소				
청소도구 정리정돈				
전기 및 Gas 체크				

일일 개인위생 점검표(입실준비)

점검일 : 년 월 일   이름 :

점검 항목	착용 및 실시 여부	점검결과		
		양호	보통	미흡
조리모				
두발의 형태에 따른 손질(머리망 등)				
조리복 상의				
조리복 바지				
앞치마				
스카프				
안전화				
손톱의 길이 및 매니큐어 여부				
반지, 시계, 팔찌 등				
짙은 화장				
향수				
손 씻기				
상처유무 및 적절한 조치				
흰색 행주 지참				
사이드 타월				
개인용 조리도구				

일일 위생 점검표(퇴실준비)

점검일 : 년 월 일   이름 :

점검 항목	착용 및 실시 여부	점검결과		
		양호	보통	미흡
그릇, 기물 세척 및 정리정돈				
기계, 도구, 장비 세척 및 정리정돈				
작업대 청소 및 물기 제거				
가스레인지 또는 인덕션 청소				
양념통 정리				
남은 재료 정리정돈				
음식 쓰레기 처리				
개수대 청소				
수도 주변 및 세제 관리				
바닥 청소				
청소도구 정리정돈				
전기 및 Gas 체크				

일일 개인위생 점검표(입실준비)

점검일 : 년 월 일 이름 :				
점검 항목	착용 및 실시 여부	점검결과		
		양호	보통	미흡
조리모				
두발의 형태에 따른 손질(머리망 등)				
조리복 상의				
조리복 바지				
앞치마				
스카프				
안전화				
손톱의 길이 및 매니큐어 여부				
반지, 시계, 팔찌 등				
짙은 화장				
향수				
손 씻기				
상처유무 및 적절한 조치				
흰색 행주 지참				
사이드 타월				
개인용 조리도구				

일일 위생 점검표(퇴실준비)

점검일 : 년 월 일 이름 :				
점검 항목	착용 및 실시 여부	점검결과		
		양호	보통	미흡
그릇, 기물 세척 및 정리정돈				
기계, 도구, 장비 세척 및 정리정돈				
작업대 청소 및 물기 제거				
가스레인지 또는 인덕션 청소				
양념통 정리				
남은 재료 정리정돈				
음식 쓰레기 처리				
개수대 청소				
수도 주변 및 세제 관리				
바닥 청소				
청소도구 정리정돈				
전기 및 Gas 체크				

일일 개인위생 점검표(입실준비)

점검일 : 년 월 일 이름 :				
점검 항목	착용 및 실시 여부	점검결과		
		양호	보통	미흡
조리모				
두발의 형태에 따른 손질(머리망 등)				
조리복 상의				
조리복 바지				
앞치마				
스카프				
안전화				
손톱의 길이 및 매니큐어 여부				
반지, 시계, 팔찌 등				
짙은 화장				
향수				
손 씻기				
상처유무 및 적절한 조치				
흰색 행주 지참				
사이드 타월				
개인용 조리도구				

일일 위생 점검표(퇴실준비)

점검일 : 년 월 일 이름 :				
점검 항목	착용 및 실시 여부	점검결과		
		양호	보통	미흡
그릇, 기물 세척 및 정리정돈				
기계, 도구, 장비 세척 및 정리정돈				
작업대 청소 및 물기 제거				
가스레인지 또는 인덕션 청소				
양념통 정리				
남은 재료 정리정돈				
음식 쓰레기 처리				
개수대 청소				
수도 주변 및 세제 관리				
바닥 청소				
청소도구 정리정돈				
전기 및 Gas 체크				

일일 개인위생 점검표(입실준비)

점검일 : 년 월 일 이름 :				
점검 항목	착용 및 실시 여부	점검결과		
		양호	보통	미흡
조리모				
두발의 형태에 따른 손질(머리망 등)				
조리복 상의				
조리복 바지				
앞치마				
스카프				
안전화				
손톱의 길이 및 매니큐어 여부				
반지, 시계, 팔찌 등				
짙은 화장				
향수				
손 씻기				
상처유무 및 적절한 조치				
흰색 행주 지참				
사이드 타월				
개인용 조리도구				

일일 위생 점검표(퇴실준비)

점검일 : 년 월 일 이름 :				
점검 항목	착용 및 실시 여부	점검결과		
		양호	보통	미흡
그릇, 기물 세척 및 정리정돈				
기계, 도구, 장비 세척 및 정리정돈				
작업대 청소 및 물기 제거				
가스레인지 또는 인덕션 청소				
양념통 정리				
남은 재료 정리정돈				
음식 쓰레기 처리				
개수대 청소				
수도 주변 및 세제 관리				
바닥 청소				
청소도구 정리정돈				
전기 및 Gas 체크				

일일 개인위생 점검표(입실준비)

점검일 : 년 월 일   이름 :

점검 항목	착용 및 실시 여부	점검결과		
		양호	보통	미흡
조리모				
두발의 형태에 따른 손질(머리망 등)				
조리복 상의				
조리복 바지				
앞치마				
스카프				
안전화				
손톱의 길이 및 매니큐어 여부				
반지, 시계, 팔찌 등				
짙은 화장				
향수				
손 씻기				
상처유무 및 적절한 조치				
흰색 행주 지참				
사이드 타월				
개인용 조리도구				

일일 위생 점검표(퇴실준비)

점검일 : 년 월 일   이름 :

점검 항목	착용 및 실시 여부	점검결과		
		양호	보통	미흡
그릇, 기물 세척 및 정리정돈				
기계, 도구, 장비 세척 및 정리정돈				
작업대 청소 및 물기 제거				
가스레인지 또는 인덕션 청소				
양념통 정리				
남은 재료 정리정돈				
음식 쓰레기 처리				
개수대 청소				
수도 주변 및 세제 관리				
바닥 청소				
청소도구 정리정돈				
전기 및 Gas 체크				

일일 개인위생 점검표(입실준비)

점검일 : 년 월 일 이름 :				
점검 항목	착용 및 실시 여부	점검결과		
		양호	보통	미흡
조리모				
두발의 형태에 따른 손질(머리망 등)				
조리복 상의				
조리복 바지				
앞치마				
스카프				
안전화				
손톱의 길이 및 매니큐어 여부				
반지, 시계, 팔찌 등				
짙은 화장				
향수				
손 씻기				
상처유무 및 적절한 조치				
흰색 행주 지참				
사이드 타월				
개인용 조리도구				

일일 위생 점검표(퇴실준비)

점검일 : 년 월 일 이름 :				
점검 항목	착용 및 실시 여부	점검결과		
		양호	보통	미흡
그릇, 기물 세척 및 정리정돈				
기계, 도구, 장비 세척 및 정리정돈				
작업대 청소 및 물기 제거				
가스레인지 또는 인덕션 청소				
양념통 정리				
남은 재료 정리정돈				
음식 쓰레기 처리				
개수대 청소				
수도 주변 및 세제 관리				
바닥 청소				
청소도구 정리정돈				
전기 및 Gas 체크				

일일 개인위생 점검표(입실준비)

점검 항목	착용 및 실시 여부	점검결과		
		양호	보통	미흡
조리모				
두발의 형태에 따른 손질(머리망 등)				
조리복 상의				
조리복 바지				
앞치마				
스카프				
안전화				
손톱의 길이 및 매니큐어 여부				
반지, 시계, 팔찌 등				
짙은 화장				
향수				
손 씻기				
상처유무 및 적절한 조치				
흰색 행주 지참				
사이드 타월				
개인용 조리도구				

점검일 : 년 월 일 이름 :

일일 위생 점검표(퇴실준비)

점검 항목	착용 및 실시 여부	점검결과		
		양호	보통	미흡
그릇, 기물 세척 및 정리정돈				
기계, 도구, 장비 세척 및 정리정돈				
작업대 청소 및 물기 제거				
가스레인지 또는 인덕션 청소				
양념통 정리				
남은 재료 정리징돈				
음식 쓰레기 처리				
개수대 청소				
수도 주변 및 세제 관리				
바닥 청소				
청소도구 정리정돈				
전기 및 Gas 체크				

점검일 : 년 월 일 이름 :

한혜영

현) 충북도립대학교 조리제빵과 교수
　　어린이급식관리지원센터 센터장
· 세종대학교 조리외식경영학전공 조리학 박사
· 숙명여자대학교 전통식생활문화전공 석사
· 조리기능장
· Le Cordon bleu (France, Australia) 연수
· The Culinary Institute of America 연수
· Cursos de cocina espanola en sevilla (Spain) 연수
· Italian Culinary Institute For Foreigner 연수
· 롯데호텔 서울
· 인터컨티넨탈 호텔 서울
· 떡제조기능사, 조리산업기사, 조리기능장 출제위원 및 심사위원
· 한국외식산업학회 이사
· 농림축산식품부장관상, 식약처장상, 해양수산부장관상,
　산림청장상
· 대전지방식품의약품안전청장상, 충북도지사상
· KBS 비타민, 위기탈출넘버원
· 한혜영 교수의 재미있고 맛있는 음식이야기 CJB 라디오
　청주방송
· SBS 모닝와이드
· MBC 생방송오늘아침 등
· 파리, 대만, 홍콩, 알제리, 카타르, 싱가포르, 상해, 터키, 리옹,
　라스베이거스, 요르단, 쿠웨이트, 터키, 말레이시아, 미국, 오만,
　에콰도르, 파나마, 카타르, 몽골, 체코, 브라질, 네덜란드, 호주,
　일본 등 대사관 초청 한국음식 강의 및 홍보행사
· 순창, 임실, 옥천, 밀양, 화천, 봉화, 진천, 태백, 경주, 서산, 충주,
　양양, 웅진, 성주, 이천 등 메뉴개발 및 강의

저서
· 한혜영의 한국음식, 효일출판사, 2013
· NCS 자격검정을 위한 한식조리 12권, 백산출판사, 2016
· NCS 자격검정을 위한 한식기초조리실무, 백산출판사, 2017
· NCS 자격검정을 위한 알기쉬운 한식조리, 백산출판사, 2017
· NCS 한식조리실무, 백산출판사, 2017
· 조리사가 꼭 알아야 할 단체급식, 백산출판사, 2018
· 양식조리 NCS학습모듈 공동 집필 8권, 한국직업능력개발원,
　2018
· 동남아요리, 백산출판사, 2019
· 떡제조기능사, 비앤씨월드, 2020
· 푸드스타일링 실습, 충북도립대학교, 2020

박선옥

현) 충북도립대학교 조리제빵과 겸임교수
　　인천재능대학교 호텔외식조리과 겸임교수
전) 우송정보대학교 외식조리과 외래교수
　　세종대학교 외식경영학과 외래교수
· 조리기능장
· 한국소울푸드연구소 대표
· 세종대학교 조리외식경영학과 박사과정
· 주 그리스 대한민국대사관 조리사
· 아름다운 우리 떡 은상 (한국관광공사)

성기협

현) 대림대학교 호텔조리과 교수
· 서울, 경기지역 조리 실기시험(일식, 복어) 감독위원
· 커피조리사 자격검정위원
· 세종대학교 호텔경영학과 졸업
· 세종대학교 조리외식경영학과 석·박사 졸업(조리학 박사)
· 신안산대학교, 김포대학교, 충청대학교, 신흥대학교,
　경민대학교, 국제요리학교, 세종대학교, 한경대학교,
　수원과학대학교 외래교수
· 전국일본요리경연대회 최우수상 수상
· 알래스카요리경연대회 본선 입상
· 홍콩국제요리대회 Black Box부문 은메달 수상
· 서울국제요리대회 단체전 및 개인전 금메달, 은메달,
　동메달 수상
· 일본 동경 게이오프라자호텔 연수
· 서울프라자호텔 조리팀 근무

신은채

현) 동원과학기술대학교 호텔외식조리과 교수
　　양산시 시설관리공단 〈숲애서〉 자문위원장
· 한식조리기능사, 조리산업기사 감독위원
· 세종대학교 식품영양학과 이학사
· 서울대학교 보건대학원 보건학 석사
· 동아대학교 식품영양학과 이학박사
· 한식세계화 한식전문조리인력양성과정장
· 채널A 먹거리 X파일 착한식당 검증단

저자와의
합의하에
인지첩부
생략

한식조리 | 면

2022년 3월 5일 초판 1쇄 인쇄
2022년 3월 10일 초판 1쇄 발행

지은이 한혜영·박선옥·성기협·신은채
펴낸이 진욱상
펴낸곳 (주)백산출판사
교   정 박시내
본문디자인 신화정
표지디자인 오정은

등   록 2017년 5월 29일 제406-2017-000058호
주   소 경기도 파주시 회동길 370(백산빌딩 3층)
전   화 02-914-1621(代)
팩   스 031-955-9911
이메일 edit@ibaeksan.kr
홈페이지 www.ibaeksan.kr

ISBN 979-11-6567-459-5 93590
값 16,000원

• 파본은 구입하신 서점에서 교환해 드립니다.
• 저작권법에 의해 보호를 받는 저작물이므로 무단전재와 복제를 금합니다.
  이를 위반시 5년 이하의 징역 또는 5천만원 이하의 벌금에 처하거나 이를 병과할 수 있습니다.